国家出版基金项目
NATIONAL PUBLICATION FOUNDATION

THE RISK CITY

Cities Countering Climate Change:
Emerging Planning Theories and Practices around the World

Yosef Jabareen

风险城市

应对气候变化的城市：
世界新兴规划理论与实践

〔以色列〕约瑟夫·杰宾瑞 著

孟浩 译

东北财经大学出版社
Dongbei University of Finance & Economics Press

大连

Springer

图书在版编目（CIP）数据

风险城市——应对气候变化的城市：世界新兴规划理论与实践 / （以色列）约瑟夫·杰宾瑞
(Yosef Jabareen) 著；孟浩译.—大连：东北财经大学出版社，2018.1
（低碳智库译丛）
ISBN 978-7-5654-3033-6

Ⅰ．风…　Ⅱ．①约…②孟…　Ⅲ．城市气候–气候变化–关系–城市规划–研究　Ⅳ．①P463.3
②TU984

中国版本图书馆CIP数据核字（2018）第000185号

辽宁省版权局著作权合同登记号：图字06-2017-173号

Translation from the English language edition：The Risk City. Cities Countering Climate Change：
Emerging Planning Theories and Practices around the World by Yosef Jabareen
Copyright© Springer Science+Business Media Dordrecht 2015
This Springer imprint is published by Springer Nature. The registered company is Springer Science+
Business Media B. V. All Rights Reserved.

东北财经大学出版社出版发行
　大连市黑石礁尖山街217号　邮政编码　116025
　网　　址：http：//www. dufep. cn
　读者信箱：dufep @ dufe. edu. cn
大连永盛印业有限公司印刷

幅面尺寸：170mm×240mm　字数：201千字　印张：14.75
2018年1月第1版　　　　　　　　2018年1月第1次印刷
责任编辑：李　季　郭海雷　魏　巍　责任校对：孙　平　田玉海
　　　　　田玉海　周　欢　刘东威　　　　　　　周　欢　刘东威
封面设计：张智波　　　　　　　　版式设计：钟福建
定价：46.00元

气候变化是当前人类面临的最大威胁，危及地球生态安全和人类生存与发展。采取应对气候变化的智慧行动可以推动创新、促进经济增长并带来诸如可持续发展、增强能源安全、改善公共健康和提高生活质量等广泛效益，增强国家安全和国际安全。全球已开展了应对气候变化的合作进程，并确立了未来控制地表温升不超过2℃的目标。其核心对策是控制和减少温室气体排放，其中主要是化石能源消费的 CO_2 排放。这既引起新的国际治理制度的建立和发展，也极大推动了世界范围内能源体系的革命性变革和经济社会发展方式的转变，低碳发展已成为世界潮流。

自工业革命以来，发达国家无节制地廉价消耗全球有限的化石能源等矿产资源，完成了工业化和现代化进程。在创造其当今经济社会高度发达的"工业文明"的同时，也造成世界范围内化石能源和金属矿产资源日趋紧缺，并引发了以气候变化为代表的全球生态危机，付出了严重的资源和环境代价。在全球应对气候变化减缓碳排放背景下，世界范围内正在掀起能源体系变革和转型的浪潮。当前以化石能源为支柱的传统高碳能源体系，将逐渐被以新能源和可再生能源为主体的新型低碳能源体系所取代。人类社会的经济发展不能再依赖地球有限的矿物资源，也不能再过度侵占和损害地球的环境空间，要使人类社会形态由当前不可持续的工业文明向人与自然相和谐、经济社会与资源环境相协调和可持续发展的生态文明的社会形态过渡。

应对气候变化，建设生态文明，需要发展理念和消费观念的创新：要由片面追求经济产出和生产效率为核心的工业文明发展理念转变到人与自然、经济与环境、人与社会和谐和可持续发展的生态文明的发展理念；由过度追求物质享受的福利最大化的消费理念转变为更加注重精神文明和文化文明的健康、适度的消费理念；不再片面地追求GDP增长的数量、个人财富的积累和物质享受，而是全面权衡协调经济发展、社会进步和环境保护，注重经济和社会发展的质量和效益。经济发展不再盲目向自然界摄取资源、排放废物，而要寻求人与自然和谐相处的舒适的生活环境，使良好的生态环境成为最普惠的公共物品和最公平的社会福祉。高水平的生活质量需要大家共同拥有、共同体验，这将促进社会公共财富的积累和共享，促进世界各国和社会各阶层的合作与共赢。因此，传统工业文明的发展理论和评价方法学已不能适应生态文明建设的发展理念和目标，需要发展以生态文明为指导的发展理论和评价方法学。

政府间气候变化专门委员会（IPCC）第五次评估报告在进一步强化人为活动的温室气体排放是引起当前气候变化的主要原因这一科学结论的同时，给出全球实现控制温升不超过2℃目标的排放路径。未来全球需要大幅度减排，各国经济社会持续发展都将面临碳排放空间不足的挑战。因此，地球环境容量空间作为紧缺公共资源的属性日趋凸显，碳排放空间将成为比劳动力和资本更为紧缺的资源和生产要素。提高有限碳排放空间利用的经济产出价值就成为突破资源环境制约、实现人与自然和谐发展的根本途径。广泛发展的碳税和碳市场机制下的"碳价"将占用环境容量的价值显性化、货币化，将占用环境空间的社会成本内部化。"碳价"信号将引导社会资金投向节能和新能源技术，促进能源体系变革和经济社会低碳转型。能源和气候经济学的发展越来越关注"碳生产率"的研究，努力提高能源消费中单位碳排放即占用单位环境容量的产出效益。到2050年世界GDP将增加到2010年的3倍左右，而碳排放则需要减少约50%，因此碳生产率需要提高6倍左右，年提高率需达4.5%以上，远高于工业革命以来劳动生产率和资本产出率提高的速度。这需要创新的能源经济学和气候经济学理论来引导能源的革命性变革和经济发展方式的变革，从而实现低碳经济的发展路径。

经济发展、社会进步、环境保护是可持续发展的三大支柱，三者互相依存。当前应对气候变化的关键在于如何平衡促进经济社会持续发展与管理气候风险的关系。气候变化使人类面临不可逆转的生态灾难的风险，而这种风险的概率和后果以及当前适应和减缓行动的效果都有较大的不确定性。国际社会对于减排目标的确立和国际制度的建设是在科学不确定情况下的政治决策，因此需要系统研究当前减缓气候变化成本与其长期效益之间的权衡和分析方法；研究权衡气候变化的影响和损害、适应的成本和效果、减缓的投入和发展损失之间关系的评价方法和模型手段；研究不同发展阶段国家的碳排放规律及减缓的潜力、成本与实施路径；研究全球如何公平地分配未来的碳排放空间，权衡"代际"公平和"国别"公平，从而研究和探索经济社会发展与管控气候变化风险的双赢策略。这些既是当前应对气候变化的国际和国别行动需要解决的实际问题，也是国际科学研究的重要学术前沿和方向。

当前，国际学术界出现新气候经济的研究动向，不仅关注气候变化的影响与损失、减排成本与收益等传统经济学概念，更关注控制气候风险的同时实现经济持久增长，把应对气候变化转化为新的发展机遇；在国际治理制度层面，不仅关注不同国家间责任和义务的公平分担，更关注实现世界发展机遇共享，促进各国合作共赢。理论和方法学研究在微观层面将从单纯项目技术经济评价扩展到全生命周期的资源、环境协同效益分析，在宏观战略层面将研究实现高效、安全、清洁、低碳新型能源体系变革目标下先进技术发展路线图及相应模型体系和评价方法，在国际层面将研究在"碳价"机制下扩展先进能源技术合作和技术转移的双赢机制和分析方法学。

我国自改革开放以来，经济发展取得举世瞩目的成就。但快速增长的能源消费不仅使我国当前的 CO_2 排放已占世界 1/4 以上，也是造成国内资源趋紧、环境污染严重、自然生态退化严峻形势的主要原因。因此，推动能源革命，实现低碳发展，既是我国实现经济社会与资源环境协调和可持续发展的迫切需要，也是应对全球气候变化、减缓 CO_2 排放的战略选择，两者目标、措施一致，具有显著的协同效应。我国统筹国内国际两个大局，积极推动生态文明建设，把实现绿色发展、循环发展、低碳发展作为基本途径。自"十一五"以来制定实施并不断强化积极的节能和 CO_2 减排目标及能源结构优化目标，并以此为导向，促进经济发展方式的根本性转变。我国也需要发展面向生态文明转型的创新理论和分析方法作为指导。

先进能源的技术创新是实现绿色低碳发展的重要支撑。先进能源技术越来越成为国际技术竞争的前沿和热点领域，成为世界大国战略必争的高新科技产业，也将带来新的经济增长点、新的市场和新的就业机会。低碳技术和低碳发展能力正在成为一个国家的核心竞争力。因此，我国必须实施创新驱动战略，创新发展理念、发展路径和技术路线，加大先进能源技术的研发和产业化力度，打造低碳技术和产业的核心竞争力，才能从根本上在全球低碳发展潮流中占据优势，在国际谈判中占据主动和引导地位。与之相应，我国也需要在理论和方法学研究领域走在前列，在国际上发挥积极的引领作用。

应对气候变化关乎人类社会的可持续发展，全球合作行动关乎各国的发展权益和国际义务，因此相关理论、模型体系和方法学的研究非常活跃，成为相关学科的前沿和热点。由于各国研究机构背景不同，思想观念和价值取向不同，尽管所采用的方法学和分析模型大体类似，但各自对不同类型国家发展现状和规律的理解、把握和判断的差异，以及各自模型运转机理、参数选择、政策设计等主观因素的差异，特别是对责任和义务分担的"公平性"的理念和度量准则的差异，往往会使研究结果、结论和政策建议产生较大差别。当前在以发达国家研究机构为主导的研究结果和结论中，往往忽略发展中国家的发展需求，高估了发展中国家减排潜力而低估了其减排障碍和成本，从而过多地向发展中国家转移减排责任和义务。世界各国因国情不同、发展阶段不同，可持续发展优先领域和主要矛盾不同，因此各国向低碳转型的方式和路径也不同。各国在全球应对气候变化目标下实现包容式发展，都需要发展和采用各具特色的分析工具和评价方法学，进行战略研究、政策设计和效果评估，为决策和实施提供科学支撑。因此，我国也必须自主研发相应的理论框架、模型体系和分析方法学，在国际学术前沿占据一席之地，争取发挥引领作用，并以创新的理论和方法学，指导我国向绿色低碳发展转型，实现应对全球气候变化与自身可持续发展的双赢。

本译丛力图选择翻译国外最新最有代表性的学术论著，便于我国相关科技工作者和管理干部掌握国际学术动向，启发思路，开拓视野，以期对我国应对全球气候变化和国内低碳发展转型的理论研究、政策设计和战略部署有参考和借鉴作用。

何建坤

2015 年 4 月 25 日

↘ 序 言

气候变化影响人类社会的方方面面，作为人类文明发展象征的城市自然也不例外，气候变化及其产生的不确定性对现代城市产生越来越大的影响。城市规划是城市可持续发展的关键。科学研究表明，自工业革命以来，由人类活动造成的全球气候变化已经发生，并且有加速发展的趋势。这已经引起纽约、伦敦、巴黎等全球知名大城市的警觉及有识之士的关注。然而，与传统的城市规划理论与实践很少考虑气候变化因素的影响不同，约瑟夫·杰宾瑞博士的专著《风险城市——应对气候变化的城市：世界新兴规划理论与实践》则是对当代城市如何利用新兴规划理论来应对气候变化的一种尝试与创新。

本书认为，风险城市由其概念、信任和实践三个相互关联的部分组成，涉及风险及其新的演化条件与不确定性知识，这种不确定性源于气候变化及其他风险与不确定性。本书在构建风险城市理论框架的基础上，探究了风险城市最新的气候变化规划的性质、愿景、实践及潜在影响等关键问题，并在方法论上使用创新风险城市框架来检测这些关键规划的性质、愿景、结果、实践及其影响，同时以纽约、伦敦、巴黎、莫斯科等10个典型城市为例，分析它们对风险城市的弹性以及对全球努力减少温室气体排放做出的贡献。

本书的主要贡献表现在三个方面：一是构建了风险城市应对气候变化的城市规划以及弹性城市等关键问题的理论框架；二是提出风险城市应对气候变化的评估方法；三是对纽约、伦敦、巴黎、莫斯科等10个典型城市应对气候变化的城市规划实践进行案例对比分析，并重点剖析了纽约市的城市规划及其经历飓风"桑迪"后的经验与教训。

作为低碳智库译丛中的著作之一，本书从应对气候变化背景下风险城市发展的独特视角，把城市规划与社会、经济、能源、城市交通及城市空间等关键因素结合起来，深化与发展了全球风险城市新兴规划理论，有利于推动未来城市的绿色、低碳、协调与可持续发展。

本书在风险城市的前沿研究与高级教科书之间搭建了桥梁，可供政府决策部门的管理人员以及高校与科研院所的研究人员从事相关决策与研究工作时参考。

2017 年 1 月 24 日

现代城市作为人类聚集、工作与生活的主要场所，为人类提供方便、快捷、舒适的工作与生活环境，但是城市交通、建筑、产业发展以及城市供水、供气、供电等关键基础设施每天要消耗大量的能源，这就产生了许多城市废弃物并排放出大量的温室气体，从而不可避免地给城市未来发展带来了风险与不确定性。因此，城市被推到全球应对气候变化的前沿并扮演着关键角色，发挥着越来越重要的作用。例如，2014年11月12日中美两国在北京签署《中美气候变化联合声明》，双方一致同意启动气候智慧型/低碳城市倡议，旨在解决正在发展的城镇化和日益增长的城市温室气体排放带来的问题，并认识到地方领导人采取重大气候行动的潜力。

显而易见，我们必须承认，气候变化背景下的城市发展面临着前所未有的挑战：传统的城市规划理论、方法与实践越来越不适应严格的节能减排约束，大城市病、交通拥堵、极端天气、城市热岛效应、关键基础设施老化等问题成为城市规划者与管理者必须面对的现实问题，气候变化引发的风险与不确定性为城市未来可持续发展敲响了警钟。因此，为了应对这些挑战，我们不得不为城市的未来发展寻求出路与解决办法。风险城市就是从应对气候变化的视角探讨全球未来城市可持续发展的一种有益探索。

2015年5月14日，译者有幸参加了绿色低碳智库伙伴关系召集人何建坤教授主持的"低碳智库译丛"研讨会，听取了各位译者介绍已经选取的《星球经济学》《应对气候变化的逻辑、紧迫性与对策》《缓解气候变化的财政政策》《环境金融与投资》《电力转型》等国外专著的翻译情况，但是译丛还没有城市与可持续发展方面的专著。为此，译者在研讨会上提出译丛应该有关注"城市、能源与可持续发展"方面的专著。这一建议得到何建坤教授及与会专家的认可，东北财经大学出版社的李季主任也给予大力支持。这就是译者选择与翻译《风险城市——应对气候变化的城市：世界新兴规划理论与实践》的缘由。

本专著来自约瑟夫·杰宾瑞博士的能源讲稿说明，它是从科学与工程到能源政策分析的能源研究新进展的主要内容之一。本专著内容包括十章，总体结构安排如下：第一，介绍风险城市的研究背景及研究框架。第二，建立风险城市的理论，重点关注应对源于气候变化的风险和不确定性。第三，介绍应对气候变化城市的规划实践，提出应对气候变化的规划实践概念框架。第四，构建应对气候变化规划的评估概念与方法。第五，以纽约市为例进行风险城市的现代规划案例剖析。第六，对安曼、巴塞罗那、北京、德里、伦敦、莫斯科、纽约、巴黎、罗马和圣保罗10个分布在世界各地的城市的主要及战略性的城市规划和实践进行对比分析。第七，提出城市弹性概念框架及城市风险弹性轨迹。第八，特别强调分析了纽约市的雄心勃勃的《规划纽约2030》以及飓风"桑迪"对城市和周边地区的后续影响。第九，主要讨论风险城市的不平等，提出构建城市脆弱性矩阵模型的程序与步骤。第十，归纳总结出应对气候变化的风险城市的主要结论。

综上所述，本书从应对全球气候变化的独特视角来审视城市面临的风险及其不确定性，提出风险城市、应对气候变化的城市规划与评估、城市风险弹性轨迹及城市脆弱性矩阵等主要概念，构建系统、完整的新兴规划理论框架与实践，为有效应对全球气候变化提供了理论基础与实践经验。同时也为未来相关领域的进一步研究与实践提供有益的参考与借鉴。

译者来自中国科学技术信息研究所科技报告服务与产业情报研究中心能源与低碳发展研究室。自2007年以来，译者一直从事能源、气候变化与低碳发展等方面的研究工作，时刻关注国外政府、科研机构、大学等不同领域的决策者、专家、学者在清洁能源、温室气体减排与减缓以及低碳技术等领域的最新进展与主要对策，其中主要关注的是国家层面应对气候变化的法律、法规、政策、技术进展及关键行动等。本专著的翻译从城市微观层次上拓展了译者的研究领域。当前我国正大力推进新兴城镇化建设，因此，本专著的翻译可谓恰逢其时，它系统考虑了气候变化给当代城市现代化、工业化与生态化所带来的风险与不确定性，重视社会、经济、政治、文化、生态及空间等系统之间的内在联系，创建了风险城市的新型规划理论，剖析了世界主要城市的规划实践，将为我国新兴城镇化规划、建设与管理提供新的理念、理论、评估方法、分析工具和战略举措建议，有效降低城市风险，积极打造美好的人居环境。当然，由于研究领域与专业知识的局限性，书中出现的任何错误或不当之处，与本书的原著者无关，译者本人承担全部责任。

特别感谢清华大学低碳经济研究院院长、国家应对气候变化专家委员会副主任何建坤教授在译著选题上的精心指导、积极鼓励与鞭策，并在百忙中为本书作序！感谢原著者及时提供的原著！本书的翻译得到同事陈颖健研究员的指导与帮助；东北财经大学出版社李季主任从联系版权、邮寄原著、译稿审校等方面给予了大力支持；出版社郭海雷、魏巍、田玉海、周欢、刘东威五位编辑为译稿的修改与润色付出了辛苦的劳动，在此对他们表示衷心的感谢！

孟　浩

2017年10月8日

↘ 致 谢

我想对我在哈佛大学、麻省理工学院、本–古里安大学、特拉维夫大学的同事表达发自内心的感激之情，是他们激励和鼓舞我撰写本书。我深深感谢杰罗尔德·凯顿（Jerold Kayden），是他第一个把我带到哈佛大学并一直给我提出合理化建议。我还要感谢哈佛大学和麻省理工学院的那些慷慨的学者，他们深深影响着我的见解和职业生涯，这些人包括：黛安娜·戴维斯（Diane Davis）、劳伦斯·韦尔（Lawrence Vale）、约翰·德蒙察克斯（John de Monchaux）和毕契瓦普里亚·桑亚尔（Bishwapriya Sanyal）。我也感激奥伦·耶夫塔克（Oren Yiftachel）和塔利·遥（Tali Hatuka）的大力支持。

本书的写作与出版要感谢许多人的宝贵帮助，特别是Springer的编辑团队，尤其是马克·德容（Mark de Jongh）和辛迪·齐特（Cindy Zitter）。我也感激杰勒米·福尔曼（Geremy Forman）的宝贵评论意见和编辑。我还要感谢我的研究助理赫利·赫希（Helly Hirsh）、娜塔莉·米奇（Natalie Mickey）及塞米昂·保利诺夫（Semion Polinov）。

↘ 目 录

[第1章]

引 言[①]

当代城市及其居民目前正面临着显著增加的演化风险及产生的脆弱性，其中包括社会两极分化、城市贫困的增长水平、城市冲突和暴力、恐怖主义、自然灾害以及最近的气候变化。自古以来，城市一直和与安全相关的风险和环境灾难的某些方面作斗争，20世纪与21世纪初密集的城市化、经济增长、工业发展和技术进步，已经造成了长期存在的风险和不确定性，并创造了新的风险和不确定性。

近年来，成千上万的人已经失去了他们的生命，成为这些日益增加的风险与威胁的受害者，社会和人类生命赖以存在的物质基础设施已经严重影响了世界各地的城市发展。今天，来自不同学科的科学家认为源于气候变化（包括那些我们今天可以预见的和那些未知的气候变化）的破坏性影响在不久的将来可能会增加风险和不确定性。而另一些人则认为气候变化的灾难性影响已经发生。

在本书中，笔者认为风险是我们城市的基本概念，并提出"风险城市"的概念框架。作为一种具有重大贡献潜力的实践，这不仅有助于我们理解风险及其对当代城市的社会、空间、结构及物理的影响，而且有助于应对城市的不确定性和脆弱性。本书认真考虑了我们的城市当前所面临的

① © Springer Science＋Business Media Dordrecht 2015　Y. Jabareen, The Risk City, Lecture Notes in Energy 29, DOI 10.1007/978-94-017-9768-9_1

威胁和日益增加的风险，并呼吁采用一种范式来思考、提出并着手处理城市规划问题。笔者假定，当前环境下主要源自气候变化及其产生不确定性的风险，不仅向传统的城市规划方法的概念、规程和适用范围提出了挑战，而且向我们的总体规划文化提出了挑战。因此，当前的规划理论和实践就迫切需要重新加以考虑和修正。事实上，面对这样的巨大挑战，我们的城市很难继续照常运转。

本书的目的是建立应对风险和不确定性的风险城市理论，重点关注源于气候变化的风险，并使正在进行的规划实践概念化（作为一个概念框架，虽然风险城市在这里并不以这种方式呈现，但是也可以用来理解气候变化以外的相关其他风险）。随后的章节会提出城市弹性（city resilience）概念，用以构建实现与评估这一重要目标的实践框架。

为了研究城市应对风险和不确定性的方式，我们分析了安曼、巴塞罗那、北京、德里、伦敦、莫斯科、纽约、巴黎、罗马和圣保罗这10个分布在世界各地的城市的主要战略性规划和实践。我们着重分析了纽约市雄心勃勃的《规划纽约2030》，以及飓风"桑迪"对纽约市和周边地区的后续影响，这为我们检验纽约市应对蕴含不确定性的城市规划实践的有效性提供了宝贵的机会。

1.1 风险社会专业化

社会科学家们将注意力集中于全社会的风险概念，很少专门思考城市层面的风险。安东尼·吉登斯（Anthony Giddens）和乌尔里希·贝克（Ulrich Beck）提出了风险相关的现代化和现代社会的概念。吉登斯（1999）将风险视为现代化不可分割的组成部分，并把它作为正在驱动社会变革的动力，从而掌握自己的命运，而不是把其交给宗教、传统或变幻莫测的自然。在现代之前，文化不包含风险的概念，并且"因循守旧"，祈求"命运、运气或'神的意志'"，现在我们倾向于用风险来替代这些。

20世纪60年代，贝克（1992）明确了风险相关的风险社会的内涵。

他认为，"现代社会已成为一个风险社会，从这种意义上来说，风险社会已被其本身产生的日益增加的争论、防范和管理风险所占据"（Beck，2005：332）。在他看来，这是"一个先进的工业化不可避免的结构性条件"。对于贝克来说，用"风险"的概念代替"等级"的概念，是因为"现代社会的主要不平等，在于行动者们如何定义风险"。然而，风险社会理论认为，各类新型的风险塑造了现代社会，全球灾难的世界性预期动摇了它们的根基。这种全球风险的认知具有以下三个特点（Beck，2005：334）：（1）空间，反映了这样一个事实——许多新的风险不再有民族国家和其他实体的边界；（2）时间，新的风险的特征表现为漫长的潜伏期（如核废料），从而无法随着时间的推移有效地确定和限制其影响；（3）社会，正如问题的复杂性和影响链的长度所显示的那样，意味着它不再可能确定具有任何可靠性的原因和后果（如金融危机）。

风险社会变成了一种重要的描述，要真正理解其后果就必须将其拆解并进行分析。通过提出风险城市理论，笔者寻求采纳更小规模的现代化的一般性观念，将注意力从社会整体风险转移到目前城市水平的更真实的风险上。这样一来，笔者就可以对作为人类栖息地的城市所面临的现代新兴风险和不确定性进行空间化描述。

与贝克支持的缺乏空间性和边界的风险的观点相反，笔者认为很有必要把源于气候变化和环境危害（还有全球恐怖主义等），以及位于其间的人类空间——主要城市和城市社区——的当代新兴风险进行空间化。笔者还认为近年来许多城市管理人员已经意识到：为了有效应对不确定性和风险，城市需要在这一过程中扮演至关重要的角色。事实上，现代城市在诸如人类安全、可持续和气候变化等关键领域正开始成为主要力量。通过对城市的聚焦分析，可增加我们理解特定风险现象的机会以及处理它们所需要采取的行动。在此基础上，在笔者的探索实践中，"一个彼此相互了解的、综合的理论和实践"（Hillier，2010：4-5），足以应对风险及其导向的实践，现代城市为我们提供了适合探索的最好的设置。因此，这种转型有可能在实践和理论层面上做出实质性贡献。

笔者认为，在某种程度上，城市一直在应对风险，正如两千多年前亚里士多德的如下描述："人们为寻求安全而聚集到城市，为寻求美好生活而居住在一起"（Blumenfeld，1969：139）。伴随着技术的快速发展和现代化进程，城市的发展日新月异，正如在评估、预防、管理、接受、拒绝、试图操纵和应对风险日益增加的职业上所反映出来的那样。事实上，几个世纪以来，面对环境、健康、社会和安全威胁，城市一直通过各种各样的空间、物质、社会和环境措施努力降低风险。

因此，本书的目标是提出风险城市的理论框架，填补学术文献的空白，通过提出城市风险和不确定性的理论，解读人类风险导向的规划实践，将有助于我们理解这些实践对城市社会问题的影响，尤其是那些与社会正义有关的问题。

1.2　风险城市：理论框架

笔者在第2章基于风险、信任和实践三个主要概念提出风险城市的理论框架。总的来说，风险城市的框架就像一个无所不在的平台——一个具有相互联系的"形象思维"概念。虽然这些相互联系的概念之间是共存和相互作用的关系，赋予了风险城市存在的意义，但是每个概念都在框架中发挥自己独特的作用。根据 Deleuze 与 Guattari（1991）关于"概念"术语的定义方法，每个风险城市的概念"被看作诸多问题或者'相关的一个问题或多个问题'的一个函数"（p.18），并且与同一概念框架或平台的其他概念"有一种合适的"关系。

因此，笔者认为风险城市的定义可以由相互联系的风险、信任与实践概念构建而成。

（a）作为风险概念的风险城市。风险是风险城市的本体论基础。风险城市首先是关于威胁与未来不确定性的有关知识，这些未来的不确定性与环境和气候变化有关，但并不局限于环境和气候变化。

事实上，风险左右着城市的现在和未来，不仅体现在城市规划的实践与发展方面，也体现在政策实施方面。城市风险的一个主要特性是其本体论基础，该基础根植于城市所面临的风险知识的变动性。在大多数情况下，关于风险的认识面临公众和专家群体的质疑，这意味着风险城市存在于不稳定的、受到挑战的及变动的知识阴影之下。

风险是由社会和文化构成的，不同兴趣和不同背景的人使用不同的方式来解释与控制风险。这意味着关于风险的知识依赖于其内在的变动范围。因此，每个社会都有自己的风险城市的概念，这基于它自身对知识、政治组织和价值观、政治和市场力量以及资源的不确定性的理解和诠释。风险对不同人意味着不同的事情，取决于其社会、经济和政治能力，以及政治忠诚和社会环境。沿着 Douglas 与 Wildavsky（1982）关于风险认知的开创性工作，社会科学家已经确认，理解并分析风险行为和认知均不能脱离其演化的社会与文化背景（Sommerfield et al.，2002）。这样，风险认知的不同不仅取决于政治和行政结构，还取决于历史传统和文化信仰（Healy，2004；Jasanoff，1986，2004；Rohrmann，2006）。既然风险是"虚拟威胁"，正如 November（2008）所假定的那样，许多个人、城市社区和政策制定者可能并没有把某些类型的风险作为严重或紧急的事情来考虑。

风险也会对权力和资源的配置发挥作用，成为左右我们城市发展的政治工具和社会工具。由于处置风险需要涉及资源配置与消耗，政治家和其他有代表性的经济利益相关者会运用权力重组风险。那么，他们是谁，谁会考虑风险，谁又是他们的支持者和目标受众？为了我们的社会和城市社区，专家和科学家通常会根据科学事实来重组风险，并且有代表性强的利益相关者会趁机重新定义可接受的风险某些水平。毫无疑问，决策者和政客们会根据政治、经济和社会方面的考量优先考虑某些风险。如果决策者和政客们仅仅考虑科学事实，那么他们处理风险和风险城市的建议将会是天真的。根据 Beck（1992，2005）的观点，"即使用最为约束适度的客观性进行风险影响计算也会涉及隐藏的政治、伦理和道德"。风险城市涉及地方和国家层面的社会冲突，气候变化分化了世界政治，也是对国际政治以及紧张的气候变化做出的回答与反应。毕竟，正如 Beck 提醒我们的那样，"并不是所有的参与者都会从应对风险的自发反应中受益——那些真正受益领域的参与者会定义其自己的风险"。

（b）作为信任概念的风险城市。最终，为了寻求促进居民和游客之间的信任及安全感，风险城市通过建立社会和政治制度框架，促进旨在减少风险和风险可能性的实践。因此，风险城市在处理风险时就会协商、操纵、运用信任。风险出现后，紧随其后的是信任的协商。信任是城市风险的根本，因为它与风险是辩证关系。Giddens（1990：35）提出："风险和信任相互交织，信任通常为减少或把特定类型的活动受到的危险降低到最小而服务。"信任可以定义为面对来自社会关系及来自市民与有关当局之间关系的不确定性而进行的正面预期（Guseva and Akos，2001）。

像风险一样，信任是由社会和文化构成的。在风险城市里，不同的个人与社会群体所拥有的信任感受与看法存在质量上和强度上的差异。笔者也认为，不同城市的社会结构、多样性及人口和社会经济条件的信任概念具有不同特点。社会信任是基于"文化价值"的判断，作为个体倾向于信任机构，从他们的判断来看，机构按照其相匹配（或类似）的价值来运转。根据社会环境及个体与文化团体之间的关系，这些价值会随着时间而变化（Cvetkovich and Winter，2003）。各国有关信任的文献已经表明，在邻里层面上原住民和移民群体之间及城市之间表现了跨国的差异性，风险城市缺乏信任会产生不好的后果，进而会造成社区和社会混乱，增加犯罪和违约率，并破坏社区存在的意义。

信任不仅仅是一种安全的感觉，它还是一个城市的信心、政府当局的信心，及其具体与抽象设置的信心。由于城市具有降低不确定性的社会功能，而信任作为城市的化身，在风险城市中发挥着至关重要的作用。在风险城市里，信任可能以多种形式、水平和规模出现，从面对面的交往到归属机构、物理基础设施和技术系统。笔者认为，居民在风险城市里参与规划和营造他们自己的空间，提高了他们之间的信任水平。

（c）作为实践概念的风险城市。风险城市的一个主要方面是由社会政治和空间实践构成的，风险城市框架旨在对这些不确定性做出反应并应对最严重的危险。因此，它主要涉及"结构布局"、"应急规划"、预防、减缓和适应。信任和风险有助于塑造风险城市的社会实践。Giddens（1976）使用"双重解释学"这一术语涉及观测，"当科学概念在社会意义上被广为接受时，其反映并且构成了社会实践"（Hakli，2009：14）。这样，风险和信任不仅描述了而且也构成了与风险城市相关的社会和规划实践。

因此，风险必须被理解为一个面向未来的社会-空间政治的概念，为了确定自己的未来，而不是放任不管，风险要动态地使用各种不同的框架。风险城市积极利用条件，创造性地重组自身，解决与民众、能源、环境、空间和经济发展相关的系列问题。用 Beck（2005：3）的话说，风险是"预测和控制未来人类行为后果的现代方法"。

实践导向的风险所面临的下列问题来源于风险的内在本质，尤其是其潜在的不确定性和复杂性。（1）风险本质上是未来导向的，而不是立即或迫切的需求，因此通常不会被视为很紧急而作典型处理，并且长期以来经常被忽视。（2）风险有时与问题有关，如果不是这样，就很难科学地理解和解决。（3）由于解决风险所需采取措施的代价可能很高，所以政府当局要么忽略它们，要么最低限度地处理它们。（4）由于解决风险有时并没有带来直接的政治利益，因此许多政治领导人会选择简单地或悄悄地忽略它。（5）由不确定性所引起的实践难以设计和规划：虽然在处理未来的风险规划时必须熟悉城市层面的复杂性，但是现存的城市理论和我们的实践经验都不足以为我们从事未来实践提供合适的工具。

风险城市是风险、信任和实践的内在化，而组成它的每个概念具有多个过程和不同的组成部分，所以它存在内在矛盾。因此，这些概念构成风险城市，作为一个过程，风险城市是既矛盾又不稳定的矛盾"统一体"，可以将其理解为构成风险城市概念之间的关系与多个过程，并且风险城市内在化了这些关系与过程。风险城市的不确定性把其塑造成矛盾的、冲突的、不平衡的城市。因此，为了理解风险城市，我们必须把风险城市设想为互联的空间、政治、经济、社会和文化过程的集合体，其间充满了矛盾、冲突，共同提供了深刻理解城市生活与设置的复杂性。此外，风险城市的概念本质上不是静态的，而是不断进化并处在恒定状态的过程之中。"每个概念都有一段历史"，Deleuze 与 Guattari（1991）解释说。与信任和规划实践一样，风险也有一段历史。

风险和信任共同贡献其力量，打造了我们的城市及其社会空间结构。

城市有自己的风险形态和特定的恐惧地域、自己的空间性及自身结构。通过风险城市的结构和空间类型学，我们可以学会解释风险城市的社会-空间划分、飞地及防御工事，以及城市里不同的人们如何考虑不同的风险和信任。

1.3 风险城市的"不足"与"错觉"

用法国心理学家和思想家雅克·拉康（Jacques Lacan）的话来说，城市风险可以被认为处于"不足"的状态。因为它不能参与解决所有风险类型的实践，关于城市居民之间信任感知的许多方面还不能令人满意。从这个意义上说，风险城市寻求提供人们感觉他们正缺少的东西。笔者同意Gunder和Hillier（2009）引进不足空间规划这个概念。因此，风险城市的规划与实践被认为减少怀疑和不确定性，并肯定提供确定有希望的未来承诺。然而，这些"虚构"的"规划及其规定的解决方案存在不足"（Gunder and Hillier，2009：29）。生活在处于不稳定基础上的风险城市中，要求我们"继续为确定性而做规划，即使我们心里知道它仅仅是幻觉和合理化的建议"（Gunder and Hillier，2009：29）。

风险城市并不能解决所有类型的风险。除了寻求解决和缓解有针对性的风险外，风险城市接受可接受的风险，并愿意与没有挑战性的可接受的风险生活在一起（因为各种政治、经济和文化方面的原因），并且风险城市有意识或下意识地忽略了可忽略的风险。这对城市的信任区域有直接影响，正如一些城市通过具体实践与规划（真实和虚构的）而得到建设和强化，而其他城市并未考虑到风险城市的功能，去接受一些风险而忽视其他风险。缺乏安全、确定性、可持续性和信任，风险城市留下的只有无知。通过社会实践和"务实的社会建设"努力弥补这一不足，通过乌托邦的愿景并通过努力来创造一个理想的状态（见 Laclau，2003）。

作为联系理论和实践的桥梁，风险城市采取行动获取关于未来不确定性的知识，并去构建社会政治和空间框架，目的是对这些不确定性做出反应并积极应对。为努力确定自己的未来，风险城市不断地调动各种资源，以积极的方式利用风险条件去创造性地重建风险城市并解决人类、能源、环境、空间和经济发展问题。存在不足是风险城市的主要驱动力之一，因为它试图赢得居民的信任，但这样做可能只取得了部分成功。毕竟，像风险和信任的组成部分一样，风险城市是由社会和文化组成的，并且在不同的社会和政治环境下，风险城市对不同的人意味着不同的内容。

1.4 应对气候变化风险的新兴规划实践

风险城市潜在的基本假设之一是风险认知的变化可以导致信任观念的转变，这两种变化迫切需要新的规划实践，以应对不确定性带来的挑战。这样，关于威胁、不确定性和脆弱性知识的风险城市的最新样本越多，就越能极大地挑战传统规划理论和实践。

近年来，我们已经越来越意识到气候变化给我们的城市和社区带来的主要风险和不确定因素（IPCC，2007，2014）。气候变化很可能影响每个城市的社会、经济、生态、实体系统和资产。预计将造成更高的温度和更强烈的暴风雨、干旱、热浪，这些可能会导致增加材料和设备类别，造成更高的峰值电力负荷和电压波动，扰乱交通，从而促使应急管理需要升级（Barnett，2001；Leichenko，2001；Peltonen，2006）。水供应能力和质量也会受到影响，并且能源传输与分配可能会受到极大的破坏。由于干旱或其他极端气候，城市也可能面临从受影响的农村地区大规模迁入人口。气候变化也会影响城市安全，威胁到城市居民的健康、安全和生存 （见 Barnett and Adger，2005；Crawford et al.，2015；Rosenzweig et al.，2011）。在金融层面上，城市和州将付出高昂的代价，正如卡特里娜飓风造成的后果，其损失估计超过1 000亿美元（NOAA，2011）。最后，气候变化的影响将在不同城市的低收入群体中间继续加深并扩大贫困面。

这样，气候变化及其产生的不确定性向传统规划方法的概念、程序和范围提出了挑战，需要重新考虑和修改当前规划方法。的确，当谈到城市时，"我们仍处在设置议程和研究方向的阶段，还存在比答案更多的问题"

(Priemus and Rietveld，2009：425）。Harriet（2010：20）声称"我们根本不知道过去二十年已经实施的许多举措所带来的影响或者这些成就会达到什么程度"。城市应对气候变化是一个复杂的和多学科的现象，要求"范式转换"跨学科的思考。然而，大部分有关这方面的文献是支离破碎的或者局限在部分范围内，通常忽略了主题的多学科特性。毫无疑问，只集中于一种或有限几个方面最终得出局部或不准确的结论，误解了影响气候变化、无效的政策及"不幸的、有时是灾难性的意想不到的后果"的多种原因（Bettencourt and Geoffrey，2010）。

因为风险蕴含着不确定性，所以风险是规划至今未能有效解决的一种现象。规划理论、实践和教育已经被线性地控制了几十年，甚至在最发达的城市，规划实践应对城市问题和威胁的方式也是如此。规划要求有应对复杂性的适当方法，而复杂性是一些尚未出现，并必须立即解决的事情。

本书力图理解风险城市的实践并将其理论化，因为与其有关的风险和不确定性经验集中在气候变化与城市上。笔者在第3章提出应对气候变化规划（PCCC），可能作为我们当代城市应对气候变化风险的最佳方式。这个规划框架的提出不仅建立在有关气候变化问题的跨学科文献（尤其是城市层面）的总体分析基础上，还建立在将世界各地的实践进行理论化的基础上。

PCCC作为实践或风险城市的理论实践框架，应对的是源于气候变化的风险与不确定性。PCCC是当代城市规划的一种新方法，目的是应对气候变化的影响，适应城市未来的不确定性并保护居民免受环境危害（或承担风险）。

PCCC框架由以下六个概念组成，每一个概念都涉及不同的内容并根植于不同的理论假定：减缓、适应、公平、综合的城市治理、生态经济学及理想愿景。虽然减缓和适应的概念在环境和生态学的气候变化文献中占据主导地位，但从气候变化的角度来看，这些标准或概念都是理论上的，实际上都不足以为风险城市的实践提供一个完整的解释。为此，其他四个基本概念要集成起来以便于理解风险城市的理论与实践。公平的概念代表着正义与伦理性的元素，这和实践导向的气候变化有关。因此，综合性的城市治理理念希望通过机构与新组织能力开发之间的整合来管理风险城市，去迎接气候变化风险带来的挑战。把生态经济学或"绿色经济"整合到风险城市的实践中有助于促进和推动更有效的环保措施。最后，这些相互联系的实践愿景——风险城市的愿景——重构现状的问题与不足，并呼吁填补这种不足和现在或将来存在的差距。。

有别于传统规划方法，PCCC的主要特点是将这种框架反映在方法、数据分析、展望与程序上。PCCC的大前提是：规划者还必须考虑城市的防御性或如何保护城市，因此要关注关键基础设施的状态，通过新措施提供保护的可能性（如自然基础设施项目和沿海生态系统恢复创建附加的风暴防御体系）。在PCCC里，未来风险和不确定性有助于空间规划，并有助于随后的新发展布局和增长模式，避免这些地区出现显著的脆弱性。一旦发生极端事件，PCCC寻求确保存在替代的功能路线与基础设施。

气候变化在系统阐述问题、形成愿景、目标设置、获得结果方面起到核心作用。就其核心而言，PCCC不仅基于人口统计学、经济学和空间分析，还基于风险和不确定性的分析。有关气候变化方面的知识已经成为影响空间规划的关键要素。PCCC识别人类空间、位置和资产，它们容易受到极端天气事件、风暴潮、海平面上升、气温变化、地震和其他这样天气现象的影响。另外，PCCC为了更彻底地理解风险和不确定性的社会–空间分布，采用了城市脆弱性矩阵。在这种情况下，城市脆弱性矩阵用于衡量特定社区和社会群体所面临潜在威胁的程度。公众参与和分享对PCCC来说也具有重要意义，这一点，不像传统的规划方法，PCCC还结合了一些改进措施。

不同于传统的规划方法，PCCC把能源作为规划城市和社区的主导概念，基于风险和不确定性分析的土地利用方法，并把规划能力–方案的开发结合起来作为规划过程和结果的一部分。总的来说，PCCC易于掌握，有可能促进学者、专业人士、决策者与公众在气候变化的议题上就城市当前和未来的方向达成更大的共识。作为一个多层面的概念框架，PCCC可以帮助我们在"确定需要做什么"的前提下提高城市的弹性，并且，为了使城市更安全，我们需要更有效地工作。

1.5　世界各地的实践

在第4章，为了从应对气候变化的视角来评估城市规划，笔者提出一个多层面的、应对气候变化的评估方法的概念框架。这个评估框架是基于PCCC实践的理论化（在第3章已提出PCCC）。第5章使用PCCC评价方法检验了最近发布的世界上10个城市（巴黎、伦敦、纽约、安曼、罗马、圣保罗、德里、北京、莫斯科和巴塞罗那）的包容性、主体规划、战略和气候变化行动计划，为我们认识世界各地的不同城市（从欠发达城市到高度发达的大都市）提供了宝贵的机会，通过对比风险观念、减少风险和应对气候变化的方法，提出实际措施。

分析表明：城市规划已成为风险城市应对总体风险及特别源于气候变化风险的极其重要的工具。规划是强大的工具，因为在单个规划下能够带来集减缓、适应，以及社会、经济和空间措施与政策于一体的解决方案。因此，笔者本部分的主要结论之一是：空间规划是城市努力应对风险和威胁所必需的。此外，城市规划和开发在与未来气候变化影响的斗争中、在新理论和实践所带来的复杂性与不确定性挑战中都扮演着重要角色。

很明显，在规划风险城市的背景下，不同的风险认知指导了不同城市的不同规划实践。一些城市已经使用其规划来表达它们的观点：风险城市必须解决的一个主要风险是源于气候变化与环境危害的风险。这些城市已经抓住了这个机遇，提供了日益增多的关于气候变化的知识和意识，提出适合这些城市的新的包容性规划。结果导向性规划呼吁要在应对气候变化的同时重新规划与重建城市，并开发其社会与经济空间。在这些近期出台的规划中，只有少数几个城市提出更具包容性的规划方法，更认真地应对气候变化，并进一步整合空间、社会和经济政策。认真应对气候变化问题的城市，已经实施了旨在减少温室气体排放的广泛减缓措施。尽管如此，这些城市在许诺适应气候变化上既不见成效，也不具有创造性。也就是说，尽管这些城市所推行的措施之间存在一些细微的差异，但是它们的适应方法都失败了，这促使我们得出结论：我们的城市没有竭尽所能来增强自身及其居民的能力，无法有效应对不确定性、气候变化及自然与环境危害。

笔者研究的城市，是全世界绝大多数城市（在俄罗斯、中国和其他发展中国家）的代表，这些城市似乎也认识到了所面临的不同风险。也就是说，不是与气候变化相关，而是与未来的增长机会相关。它们主要关心的是城市扩张、经济发展与国际竞争力。即使那些把气候变化风险当成主要问题的规划，"增长"还是大部分发达与发展中城市制定规划的出发点。因此，伦敦、北京、安曼、德里、莫斯科以及许多其他城市的规划都把扩张与增长作为城市发展的主要概念。城市的增长关注的并非气候变化，而与住房、城市化、运输、基础设施建设有关，并且继续应用传统的规划方法进行重建。笔者的意思是关于土地利用规划、分区、城市空间扩张、交通系统扩充、私人车辆的公路网络发展，以及新的工业地区的建立——所有的这些方面都没有整合可持续性或气候变化问题的概念。安曼、莫斯科与北京的规划，寻求提高经济增长和经济发展而没有认真考虑环境问题，并没有使用可持续交通规划、绿色建筑、新建筑的减缓规范、现有建筑的节能改造和可再生能源的使用。因此，安曼、莫斯科、德里和北京的近期规划就与20世纪20年代及50年代的规划类似。事实上，在过去的（至少）20年里，人类一直忙于发展，绝大多数的城市都忽视了可持续规划的方法与措施。

值得注意的是，所有的规划都未能把公民社会、社区和基层组织有效整合到规划过程中来。可以说，适合于城市社区内不同社会群体与其他利益相关者参与程序的制度存在重要缺陷，特别是在当前气候变化不确定的时代。

在充斥众多不确定性因素的当前环境下，为了应对气候变化带来的挑战，规划者需要准备一个更协调的、全盘的及多学科的方案，然而，迄今为止，很少有城市在实现城市综合治理上投入大量精力。在一些国家，造成一些城市未能这样做的另一个原因是已经存在的高度集中的国家政治制度，比如中国和俄罗斯。最终，我们的城市既不能合理也不能有效地发挥其关键作用，事实上，它们应该在应对居民面临的风险与不确定性中扮演主要角色。为此，当灾害发生时，数百万居民将面临死伤，城市将最终无法运转。

1.6 气候变化总体规划的不足

2007年纽约市发布了《规划纽约2030》（PlaNYC 2030）——一项雄心勃勃的里程碑规划，旨在绘制几十年后的城市未来，以应对气候变化带来的挑战（Rosenzweig and Solecki，2010b；Rosan，2012；Solecki，2012）。第6章探讨战略规划，并考虑气候变化在塑造规划过程及其各个组成部分中所扮演的角色，从界定问题开始，到得出结论而结束。规划的分析表明：气候变化在制定规划的问题、理由、展望与目标设置中发挥了核心作用。《规划纽约2030》是一个物理导向的规划，主要集中在重建基础设施，促进城市更加简洁和集约化，提高混合土地利用率、可持续交通、绿化、空地及棕色地带的更新与利用。它应用综合规划方法，利用新都市生活、公共交通导向的城市开发（Transit Oriented Development，TOD）、可持续发展、减缓及制度政策监控的优点。该规划还建议使用城市固有自然资产的有效方法，特别关注为纽约提供更清洁和更可靠的电力战略，并创建若干机制，促进气候变化目标实现，营造清洁优良的投资环境。

然而，《规划纽约2030》未能很好地说明主要的社会规划问题，如社会和环境公正、多样性、贫困和空间隔离，这对世界上多样化程度最高的纽约市是至关重要的。它还未能解决由气候变化所导致的弱势群体问题。特别是在当前气候变化不确定的情况下，城市社区、不同社会群体与其他利益相关者参与程序的制度存在重要缺陷。

笔者关于PCCC的主要论点是：不应采用传统的规划方法，规划应该面向处理不确定性。为此，规划中必须体现面向未来不确定性的适应策略。《规划纽约2030》是经济发展和基础设施导向的规划，存在不足，并且保障措施不当，因此，未能保护纽约及其社区免受2012年10月桑迪飓风的影响。因为规划过程没有足够的公众参与，《规划纽约2030》未能认识到纽约市的城市–社区地理脆弱性的重要性，并在面对风暴时不能有效地满足社区的各种关键需求。因此，《规划纽约2030》应该重新起草，着重强调飓风"桑迪"发生后的教训，反思如何建立适应与恢复城市，特别是提出针对贫困社区和脆弱社区的措施。因为规划者有责任保护城市和拯救生命，所以其应该承担领导角色，并更多地参与城市层面的应对气候变化的斗争。

1.7 风险城市弹性轨迹

风险城市是未来导向，风险城市的规划实践同样是未来导向。第8章提供了洞察风险城市的未来弹性或笔者所指出的风险城市弹性轨迹。本章的主要问题是：我们城市的弹性如何，我们应该怎样基于目前的规划实践准确地预测其未来轨迹？笔者认为一个城市的弹性是由社会、经济、环境和安全四个相互关联的维度组成的。本书聚焦于环境弹性，也就是与环境危机、气候变化的威胁及影响有关的弹性。

风险城市弹性轨迹的根本理念是：既然"弹性需要频繁的测试和评估"（NYS 2100 Commission，2013：7），为了规划未来的不确定性，我们的城市必须向过去和现在学习。首先应该学习基于我们的经验及有关脆弱性与适应措施不断发展起来的知识。风险城市弹性轨迹不仅使规划者承认当前与未来的脆弱性和风险，而且要规划一个不同的未来，或者借用在超级飓风"桑迪"发生之后 Judith Robin 的话说，它能使城市在"原地重建得更好、更智能"（NYS 2100 Commission，2013：7）。

弹性城市框架是一种网络或理论平台，其中四个相关概念考虑到城市弹性的综合评价，为迈向更有弹性的未来，该框架解决了城市及其社区应该采取哪些行动的关键问题。四个相关概念在框架中一个特定领域里扮演着特定角色。第一个概念，"城市脆弱性分析矩阵"，重点关注治理文化、流程、舞台和弹性城市的角色。由于城市脆弱性矩阵在分析描述城市空间与社会经济的未来风险及脆弱性方面具有突出贡献，所以它在弹性城市框架中起着至关重要的作用。第二个概念，"城市治理"有助于促进城市的全面管理。为了应对不确定性、未来环境和气候变化影响的挑战，城市治理关注城市政策并假定对城市治理新方法有重要需求。城市治理的概念表明，综合治理方法、精心协商和沟通决策措施，以及生态经济学可以对提升我们城市弹性产生重大影响。第三个概念，即"预防"的概念，是指必须考虑防止环境危害和气候变化影响（减缓措施、清洁能源的适应、城市重建方法）的不同的组成部分。第四个概念，不确定性导向的规划，是指城市规划者的义务是调整其方法去帮助处理未来的不确定性。根据弹性城市框架，一个城市的弹性是衡量其要学习与规划的管理、物理、经济和社会系统的整体能力，为不确定性做准备，要抵制、吸收、适应并以及时有效的方式恢复风险的影响，包括其必要的基本结构及功能的保护和恢复。

1.8　气候变化"已经发生"：缺乏弹性的城市

2012年10月28日至30日，飓风"桑迪"重创美国东海岸，影响包括纽约市在内的美国24个州。根据该"超级风暴"造成的灾难性损失，一些人认为纽约的气候变化"已经发生"（Gibbs and Holloway，2013）。风暴直接造成了共计43个纽约人死亡及数万人受伤、暂时无家可归或者流离失所（Gibbs and Holloway，2013：1）。在全美国范围内，飓风摧毁了数以千计的房屋，造成19 729个航班取消，约480万人滞留在15个州和哥伦比亚特区，电力中断，并造成了超过100人丧生（Llanos，2012）。飓风"桑迪"造成的损失预计达到500亿美元，成为美国历史上代价最大的自然灾害之一（美国国家飓风中心把飓风"桑迪"排名为美国自1900年以来代价第二大的飓风）。在纽约部分地区，暴风雨导致海平面上升13英尺，如果按照已发生的最严重的气候变化情况，飓风"桑迪"就为世界各地城市提供了可能的参考情景（有趣的是，气候变化科学家认为到2200年，纽约及其他地方的海平面可能升高相同的高度）（Chertoff，2012）。即使"桑迪"不是由气候变化引起的，它也提供了这一过程中可能后果的详细说明（Chertoff，2012）。科学家们甚至警告说，伴随着更剧烈的大风与更严重的降雨，未来这类风暴可能更猛烈（Plumer，2012）。

针对飓风"桑迪"造成的巨大破坏，纽约市已经投入了大量资源与精力以应对环境危机与气候变化的影响。第9章评估应对这场风暴的城市弹性。笔者在本章提出一种定性评估方法（基于前一章及既不"严谨"也非"实证主义"的方法），使用该方法来确定损失的程度时，需要把符合条件的城市界定为"有弹性"时可接受的恢复时间。该方法非常简单，容易为公众、决策者、政客和实践者所理解。

该评估的主要结论表明，尽管纽约市有一个已经开始实施的应对气候变化影响的规划，但是该市仍然无法应对未来严重的气候影响。正如由飓风"桑迪"造成的破坏所揭示的一样，该规划的主要缺陷似乎是缺乏应对环境危害的适应性措施。像世界各地的许多城市一样，包括其中最具开拓性的城市，纽约仍然没有使用综合的空间规划来应对气候变化（Kern and Alber，2008）。正如我们在第5章所提到的，大多数城市似乎是单独使用减缓政策来解决气候变化的人为因素，并未采用适应性的政策。

不幸的是，飓风"桑迪"揭示了我们当前的机构和空间设置缺乏弹性，而且不可否认的事实是，在危险事件中我们的城市已经成为居民的危险之地。另外，与纽约遭受损害有关的还有规划过程明显缺乏足够的公众参与，这导致了城市恢复弹性的水平很低，尤其是最脆弱的社区与区域。根据Uken（2012）的研究，暴风雨揭露了美国基础设施老化与电力网络的脆弱性问题，其排名大幅落后于发展中国家。

飓风"桑迪"表明大多数美国城市缺乏弹性，这就引出了这些城市没有实施显著的适应气候变化措施以及相关政策是否能够面对未来挑战的问题。研究人员认为，由于全球变暖，未来飓风的数量"要么将减少，要么总体上基本保持不变"，但是伴随更猛烈的大风及更严重的降雨，那些新生成的飓风可能会更强大（Plumer，2012）。如果纽约面对这些极端危险仍准备不足，那么，纽约市的居民将容易遭受巨大的伤害。

飓风"桑迪"造成的灾难使纽约州与纽约市痛苦地意识到需要相适应的政策和策略（NYC，2013；NYS 2100 Commission，2013）。纽约市（NYC，2013）在城市层面上提出了采取战略措施的路线图，在面对日益恶劣天气的风险时应提高保护生命和财产的能力，提高城市的整体防范能力，形成全面、有条不紊地应对可能会影响成千上万纽约人的紧急事件的建筑区域（NYC，2013：5）。纽约市2100委员会（2013）也提出了采取有把握的适应策略去应对飓风"桑迪"。

目前城市的关键任务是为未来的不确定性做准备。在本章中，为提高所有城市的恢复弹性，重要的是从应对飓风"桑迪"的危机中汲取经验。纽约市2100委员会（2013：7）提出："我们生活在一个波动性日益增强的世界，在曾经预期要发生自然灾害的地方，现在呈现出惊人的规律性……我们不能将其恢复成之前的样子——我们必须在原地重建得更好、更智能。"纽约市2100委员会对纽约市与纽约州此前面对如此之大的风险表示遗憾，说明"通过最近包括'艾琳'和'桑迪'的风暴，我们已经成功地接受'安全地失败'的理念，接受普遍破坏的必然性并将尽可能保护我们的资产"（NYS 2100 Commission，2013：7）。

1.9　城市风险及对新自由主义议程的挑战

风险城市作为一个实践，有能力挑战城市的新自由主义议程。这主要应归因于风险城市的性质，风险城市希望通过实践来鼓励旨在减少不确定性和脆弱性的规划。风险城市需要公共干预来提高其弹性，促进当地居民的信任和安全。正如飓风"桑迪"的影响所揭示的那样，这种实践的需求有时是一个生死攸关的问题。

最近，城市新自由主义已经成为公共部门管理根深蒂固的要素，提供了比民主政治激发行政效率、创业精神与经济自由更大的动力（Sager，2012）。变动投资资本与公共创业精神之间的联系产生了新自由主义政策（Sager，2011）。新自由主义政策假定社会问题有市场解决方案（Peck and Tickell，2002）。这样，它提升了经济和市场的主导地位，对企业限制更少，并且正如放松管制过程、私有化及中央政府权力下放所反映的那样，国家从经济与社会安全网中退出。

这些政策的主要结果是社会两极分化与经济发展的不平衡（Harvey，

2005）。新自由主义要求重组私人资本所有者与政府之间的关系，政府需要提出促进城市发展的优先增长方法（Sager，2013：130）。此外，新自由主义议程建议减少公共规划干预，或者换句话说，它要求公众在风险城市里发挥有限的作用。该方法的支持者认为，市场能够解决风险和不确定性，包括气候变化对城市的影响。

我们分析的全球城市的主要规划显示，增长、经济发展和扩张的新自由主义议程目前在包括美国、中国、约旦、俄罗斯与印度的大多数国家占据支配地位。然而，其单一地强调增长与扩张排斥了风险城市的关键需求。《规划纽约2030》反映的规划方法基于新自由主义议程，因此忽略了主要的城市社区与安全问题，并关注调动经济发展。这样，看似具有里程碑意义的纽约市规划（"世界房地产资本"）主要使用了"可持续性"的概念作为一种公共关系，实际上是努力打造一个房地产发展规划战略的包装与品牌（Angotti，2008a，b，c，d：6）。根据 Marcuse（2008：1）的观点，《规划纽约2030》被 Susan Fainstein 称为"市区重建"，"具有公民置换与狭义的经济问题优先的特点"。

风险城市迫切需要适当的、更复杂与先进的实践和方法来规划，即使支付极大的经济增长成本，也要把城市社区的信任和安全作为首要任务。相对新自由主义试图创建"有价值的商业环境"而言，风险城市应该寻求补偿城市环境，使其更安全、风险更小、更公正。

参考文献

Angotti, T. (2008a). The past and future of sustainability June 9. In Gotham gazette: The place for New York policy and politics. http://www.gothamgazette.com.

Angotti, T. (2008b). Is New York's sustainability plan sustainable? Hunter College CCPD Sustainability Watch Working Paper. http://maxweber.hunter.cuny.edu/urban/resources/ccpd/Working1.pdf.

Angotti, T. (2008c). Is New York's sustainability plan sustainable? Paper presented to the Joint Conference of the Association of Collegiate Schools of Planning and Association of European Schools of Planning (ACSP/AESOP), Chicago.

Angotti, T. (2008d). New York for sale: Community Planning Confronts Global Real Estate. Cambridge, MA: The MIT Press.

Barnett, J. (2001). Adapting to climate change in pacific Island Countries: The problem of uncertainty. World Development, 29(6), 977-993.

Barnett, J., & Adger, N. (2005). Security and climate change: Towards an improved understanding. Paper presented at the Human Security and Climate Change Workshop, Oslo, June 21-23, 2005. http://www.gechs.org/downloads/holmen/Barnett_Adger.pdf.

Beck, U. (1992). Risk society: Towards a new modernity. London: Sage.

Beck, U. (2005). Power in the global age. Cambridge: Polity Press.

Bettencourt, L., & West, G. (2010). A unified theory of urban living. Nature, 467 (7318), 912-913.

Blumenfeld, H. (1969). Criteria for judging the quality of the urban environment. In H. J. Schmandt & W. Bloomberg (Eds.), The quality of urban life 3 (pp. 137-163). California: Sage Publications.

Chertoff, E. (2012). The Sandy storm surge: Is this what climate change will look like? The Atlantic, October 30. Retrieved December 2, 2014. http://www.theatlantic.com/technology/archive/2012/10/the-sandy-storm-surge-is-this-what-climate-change-will-look-like/264292/.

Crawford, A., Dazé, A., Hammill, A., Parry, J., & Zamudio, N. (2015). Promoting Climate-Resilient Peacebuilding in Fragile States. Geneva: International Institute for Sustainable Development (IISD).

Cvetkovich, G., & Winter, P. L. (2003). Trust and social representations of the management of threatened and endangered species. Environment and Behavior, 35, 286-307.

Deleuze, G., & Guattari, F. (1991). What is philosophy? New York: Columbia University Press.

Douglas, M. A., & Wildavsky, A. (1982). Risk and culture: An essay on the selection of technological and environmental dangers. Berkeley, CA: University of California Press.

Gibbs, L., & Holloway, C. (2013). Hurricane Sandy after Action. Report and Recommendations to Mayer Michael R. Bloomberg. New York City.

Giddens. (1976). The rules of sociological method. London: Hutchinson.

Giddens, A. (1990). The consequences of modernity. Stanford, California: Stanford University Press.

Giddens, A. (1999). Runaway world: Risk. Hong Kong: Reith Lectures.

Gunder, M., & Hillier, J. (2009). Planning in ten words or less: A lacanian entanglement with spatial planning. Ashgate: Farnham.

Guseva, A., & Rona-Tas, A. (2001). Uncertainty, risk, and trust: Russian and American credit card markets compared. American Sociological Review, 66(5), 623–646.

Häkli, J. (2009). Geographies of rust. In J. Häkli & C. Minca (Eds.), Social capital and urban networks of trust (pp. 13–35). Farnham: Ashgate.

Harriet, B. (2010). Cities and the governing of climate change. Annual Review of Environment and Resources, 35, 2.1–2.25.

Harvey, D. (2005). A brief history of neoliberalism. Oxford: Oxford University Press.

Healy, S. (2004). A "Post-Foundational" interpretation of risk: Risk as "perfermonace". Journal of Risk Research, 7(3), 227–296.

Hillier, J. (2010). Strategic navigation in an ocean of theoretical and practice complexity. In J. Hillier & P. Healey (Eds.), The Ashgate research companion to planning theory: Conceptual challenges for spatial planning (pp. 447–480).

IPCC—Intergovernmental Panel on Climate Change. (2007). Climate change 2007: Fourth assessment report of the intergovernmental panel on climate change. Cambridge, MA: Cambridge University Press.

IPCC—Intergovernmental Panel on Climate Change. (2014). Climate change 2014: Impacts, adaptation, and vulnerability. http://ipccwg2.gov/AR5/images/uploads/IPCC_WG2AR5_SPM_Approved.pdf.

Jasanoff, S. (1986). Risk management and political culture: A comparative study of science in the policy context. New York: Russell Sage Foundation.

Jasanoff, S. (1999). The songlines of risk. Environmental Values, 8(2), 135–152.

Kern, K., & Alber, G. (2008). Governing climate change in cities: Modes of urban climate governance in multi-level systems (Chap. 8). In Competitive Cities and Climate Change, OECD Conference Proceedings, Milan, Italy (pp. 171–196). Paris: OECD. October 9–10, 2008. http://www.oecd.org/dataoecd/54/63/42545036.pdf.

Laclau, E. (2003). Why do empty signifiers matter to politicians? In S. Zizek (Ed.), Jacques Lacan (Vol. III, pp. 305–313). London: Routledge.

Leichenko, R. (2011). Climate change and urban resilience. Current Opinion in Environmental Sustainability, 3(3), 164–168.

Llanos, M. (2012). Sandy's mammoth wake: 46 dead, millions without power, transit. NBC News. Available at http://www.nbcnews.com/id/49605748/ns/weather/#.VILgV4vTb9s.

Marcuse, P. (2008). PlaNYC Is Not a Plan and It Is Not for NYC. Accessed March 3, 2013. http://www.hunter.cuny.edu/ccpd/sustainability-watch.

New York City. (2013). NYC Hurricane Sandy after Action Report—May 2013. Report and Recommendations to Mayor Michael R. Bloomberg. NYC.

NOAA—National Oceanic and Atmospheric Administration,National Weather Service, U.S. Department of Commerce. (2011). Extreme weather 2011: A year for the record books.Available at http://www.noaa.gov/extreme2011.

Peck,J.,& Tickell,A. (2002). Neoliberalizing space. Antipode,34,380−404.

Peltonen,T. (2006). Critical theoretical perspectives on international human resource management. In I. Björkman & G. Stuehl (Eds.) ,Handbook of international human resource management research (pp. 523−535). Cheltenham: Edward Elgar Publishing.

Plumer,B. (2012). Is Sandy the second−most destructive U.S. hurricane ever? Or not even top 10? The Washington post. on November 5,2012.

Priemus,H., & Rietveld,P. (2009). Climate change,flood risk and spatial planning. Built Environment,35(4),425−431.

Rohrmann,B. (2006). Cross−cultural comparison of risk perceptions: Research,results,relevance. Presented at the ACERA/SRA Conference. http://www.acera.unimelb.edu.au.

Rosan,C. D. (2012). Can PlaNYC make New York City "greener and greater" for everyone?: Sustainability planning and the promise of environmental justice. Local Environment,17(9),959−976.

Rodin,J.,& Rohaytn,F. G. (2013). NYS 2100 commission: Recommendations to improve the strength and resilience of the empire state's infrastructure.

Rosenzweig, C.,& Solecki,W. (2010). New York City adaptation in context (Chap. 1). Annals of the New York Academy of Sciences (Issue: New York City Panel on Climate Change 2010 Report).

Rosenzweig, C., Solecki, W. D., Hammer, S. A., & Mehrotra S. (2011). Climate change and cities: First assessment report of the urban climate change research network. Cambridge University Press.

Sager,T. (2011). Neo−liberal urban planning policies: A literature survey 1990−2010, Progress in Planning 76(4),147−199.

Sager,T. (2012). Reviving critical planning theory: Dealing with pressure,neo−liberalism , and responsibility in communicative planning. London and NYC: Routledge.

Sager,T. (2013). Reviving critical planning theory: Dealing with pressure,neo−liberalism,and responsibility in communicative planning. London and NYC: Routledge.

Solecki, W. (2012). Urban environmental challenges and climate change action in New York City.Environment and Urbanization,24,557−573.

Sommerfield,J.,Kouyate,M. S.,& Sauerborn,R. (2002). Perceptions of risk,vulnerability,and disease prevention in rural Burkina Faso: Implications for community−based health care and insurance. Human Organization,2,139−146.

Uken,M. (2012). Sandy zeigt, wie marode Amerikas Infrastruktur ist [Sandy shows how ailing America's infrastructure is] (in German). Zeit Online (Hamburg,Germany). Retrieved November 02,2012.

第2章

风险城市的理论化①

2.1 从世界风险社会到风险城市

当探究风险的概念时，社会科学家们一般把注意力集中在社会领域，很少花心思考空间或空间的场地问题。安东尼·吉登斯（Anthony Giddens）与乌尔里希·贝克（Ulrich Beck）把现代化和现代社会作为风险概念的函数。在某种意义上，社会或"风险社会"成了一个规模宏大的故事，我们要真正理解其内涵就必须将其进行拆分与解析。通过把风险城市理论化，笔者寻求把这个一般的概念转变成更小规模的新问题，把对社会整体风险的注意力转移到目前在城市水平上真实的风险。通过这种方式，笔者试图把城市背景下人类栖息地的当代新兴风险与不确定性进行空间化。

吉登斯（Giddens，1999）认为风险与现代化形影不离，应调动社会力量专心致力于改变和掌控自己的命运，而不是让位于宗教、传统或变幻莫测的自然。在现代化之前，文化不具有风险的概念，并且"因循守旧"，试图唤起"命运、运气或'上帝意志'，这些就是我们现在倾向于替

① © Springer Science+Business Media Dordrecht 2015 Y. Jabareen，The Risk City，Lecture Notes in Energy 29，DOI 10.1007/978-94-017-9768-9_2

代风险的地方"。"现代化没有完全废除传统的观点及概念，诸如命运、上帝的意志、天意与其他神秘观念等，尽管是迷信，但是它们仍然在其中发挥影响力，其中很多只是部分地相信，并经常有些尴尬地坚守着。"吉登斯认为，在未来导向的现代社会里，令人感兴趣的是风险变化已经取代了这种变化的概念。

贝克（Beck，1992）使用20世纪60年代出现的风险概念定义了"风险社会"。他认为："现代社会"在某种程度上已成为风险社会，因为社会充斥着日益增加的辩论、预防和管理风险，这本身就已经产生了风险（Beck，2005：332）。在他看来，这是"先进工业化不可避免的结构性环境"，其风险社会的理论核心是建立在"权力博弈"基础上的"风险界定"的各种关系。

这些关系的定义可看作类似于马克思的生产关系，借助不平等的定义，权力大的活动者把"他人"的风险最大化而把"自身"的风险最小化。对于贝克来说，"风险"的概念取代"阶级"的概念，这是"现代社会主要的不平等，因为这反映了活动者如何定义风险"。然而，世界风险社会（world risk society）的理论认为现代社会由新型风险塑造成型，预期的全球性灾难动摇了整个世界风险社会的基础。关于风险的这些观念有三个特点（Beck，2005：334）：（1）空间。反映了这样的事实：许多新的风险（如气候变化）没有确认民族国家和其他实体的边界。（2）时间。正如新风险的特征（如核废料）表现为漫长的潜伏期，从而随着时间的推移无法有效地确定和限制其影响。（3）社会。问题的复杂性和影响链的长度表明，影响意味着不再可能确定任何可靠性程度的原因和后果（如金融危机）。

与贝克所支持的缺乏空间性和边界相反，笔者认为非常有必要把源于气候变化和环境危害（以及全球恐怖主义等）的当代新兴风险空间化，并在诸如城市、城镇和村庄等人类空间中找到新兴风险的位置。笔者还认为，近年来许多城市管理者已经学到了许多东西：为了有效应对不确定性和风险，城市需要在这一过程中扮演关键的角色。事实上，在诸如人类安全、可持续性和气候变化等关键领域，当代城市开始成为主要力量。重新聚焦我们的城市分析，增强了我们对特定风险现象的理解及应对能力。在此基础上，笔者探索了与风险导向作斗争的相关实践，现代城市为我们的探索提供了良好的开端。因此，这种转型有可能在理论和实践方面做出实质性贡献。

笔者认为，城市在某种程度上一直在应对风险，正如两千多年前亚里士多德所说，"人类为安全聚集在城市；人类为美好生活而待在一起"（Blumenfeld，1969：139）。随着技术的飞速发展和现代化进程的推进，城市的面貌发生了巨大变化，表现为审核、评估、预防、管理、接受、拒绝以及控制与应对风险等职业的增多。事实上，几个世纪以来，城市一直面临着环境、健康、社会和安全威胁，并一直通过空间、物理、社会和环境等各种措施来努力降低风险。

自工业革命以来，城市生活的风险水平一直在升高。这包括来自气候方面的挑战以及来自不依赖于气候变化的环境挑战，如城市热岛效应、空气污染以及现有的如飓风和台风等极端气候。由于热岛效应热吸收水平较高，城市一般要比周边地区温暖（IPCC，2007；Rosenzweig et al.，2011；The World Bank，2011）。结合这些现象，气候变化对特定城市的影响可能会因地而异，这取决于实际发生的气候变化（如高温和降雨量增加）。反过来，气候的变化将在人类健康、实物资产、经济活动和社会系统等领域给城市带来一系列的短期和长期后果。毫无疑问，全球气候变化引发日益加剧的危机导致城市转型需要更多的资金支持。气候变化也促使了风险概念的"复活"。吉登斯（Giddens，1999）认为，鉴于当前的气候变化危机，风险受到了新的、前所未有的重视。"风险应该是一种调节未来的方式，并在我们的权力范围内使其正常化，"然而，他解释说，"尽管事情还没有结果，但是我们试图强迫自己去寻找与不确定性有关的不同方式来对不利的未来进行控制。"

当代城市社会空间及庞大人口的特点，导致其更容易遭受各种各样的风险，也有可能成为新风险的催生剂，如失败的基础设施与服务、恶化的城市环境及增加非正式定居点，都会使许多城市居民更容易受到自然灾害和风险的袭击（UNISDR，2010）。根据贝克的观点，风险不是随着技术与科学的进步而减少，相反可能会增加。

随着城市人口数量继续以前所未有的速度增长，在未来几十年里城市也是绝大多数人将要生活的地方。1950年只有29%的世界人口居住在城市，今天这一数字已经达到了50.5%，到2050年预计将达到70%。城市人口正在以每周100万人的惊人速度增加（Nature，2010），仅在欧洲，2010年和2030年之间人口预计将从9.2亿增长到11亿。到21世纪中期，发展中国家的城市人口预计将增加一倍以上，从2025年的23亿增加到2050年的53亿（Satterthwaite，2007）。有人认为我们正在见证城市复兴或城市复活（Storper and Manville，2006）。

在城市层面源于气候变化"产生风险"的威胁已变本加厉，因此关注城市将变得更为迫切。根据吉登斯的观点（Giddens，1999：2），有两种类型的风险：外部风险，来自于诸如收成欠佳、洪水、瘟疫、饥荒等自然方面；"已产生的风险，这是由我们关于世界发展的认识产生真正影响所造成的"。"已产生的风险"是指这样一种风险，即在面对诸如气候变化与大多数环境风险时，我们所拥有的历史经验微乎其微。这样的风险直接受吉登斯所称的"全球化加剧"的影响。近年来，我们开始更多地担忧自身对大自然所做的一切。按照吉登斯的说法，"这标志着从外部风险为主过渡到以已产生的风险为主"。

在社会不同尺度上，风险概念继续在理解自身行为并规划未来方面扮演越来越重要的角色。由于城市开始出现应对不同类型风险的相关参与者，所以，笔者提出了风险城市的概念模型，它在城市水平上关注社会、结构和政治。该模型作为一种工具，有助于我们更好地理解城市设施将成为大部分地球人的美好家园。因此，笔者的理论主体是城市——城市空间。

2.2　风险城市：框架

在本书中，笔者的目标是提出风险城市的理论框架，把城市风险及其不确定性理论化，质疑人类风险导向的实践和规划政策，这将有利于我们理解这些关于城市社会问题实践的效果，尤其是那些与社会正义有关的问题，进而填补学术文献框架的空白。笔者的目标是一种实践，是"一种理论与实践互动的综合体"（Hillier，2010：4-5）。

风险城市的理论框架建立在风险、信任和实践三个主要概念的基础上。虽然这些相互联系的概念是共存与相互作用的关系，但是，每个概念在框架中都发挥其独特的作用，这赋予了风险城市存在的意义。为了与德勒兹与瓜塔里（Deleuze and Guattari，1991）研究方法中的"概念"术语保持一致，风险城市的每个概念"被看作或者与一个问题或者与多个问题相关（p.18）的问题的函数"，并且与同一概念框架或"平台"里的其他概念有一种"合适的"关系。作为概念框架的一部分，这些概念相互联系，彼此支持，准确表述各自的问题，并一同来应对同样的问题。总之，风险城市的框架就像一个平台，一个无所不在的平台，一个具有互相联系概念的"思想的图像"。毕竟，像知识一样，概念只在涉及其所指的思想的图像里或所服务的概念性框架里才有意义。

风险城市把风险、信任与实践内在化，然而由于组成每个概念的多重过程与多样化构件的特点，所以其内部存在矛盾（Harvey，1996：51）。因此，作为构成风险城市的过程，它是既矛盾又不稳定的——一个矛盾的"统一体"，可以理解为组成这些概念之间的关系与过程并将其内在化。通过这些矛盾，我们发现"两个或两个以上的相关过程，同时支持并相互抵消"（Ollman，1990：49；Harvey，1996：52）。风险城市的不确定性将风险城市塑造为矛盾的、冲突的和不平衡的城市。因此，为了理解风险城市，我们必须将其看成互相联系的空间、政治、经济、社会，以及充满矛盾、冲突的文化过程和能源的集合体，它们一起深刻洞察城市生活与环境的复杂性。

风险城市的组成概念不是静态的，而是以连续的过程不断进化。"每个概念都有一段历史"，Deleuze与Guattari（1991）解释道。风险同信任与规划实践一样也有一段历史。事实上，吉登斯与贝克把他们的理论建立在从传统社会环境到现代社会环境的风险概念演化的基础之上。

基于当代环境下城市层面的风险，笔者把风险城市界定为由相互关联的风险知识、信任观念和实践组成。因此，构成风险城市的要素既包括风险、新的演化环境及源于气候变化和其他认识到的与不确定性有关的知识，也包括实践和实践框架。这里的实践框架是指城市应对不断演化及新兴的来自气候变化和其他威胁的风险及不确定性知识所做出的反应。另外，风险城市通过构建社会与政治制度框架，寻求建立居民和游客之间的信任观念，促进旨在减少风险及其可能性的实践（如图2-1所示）。

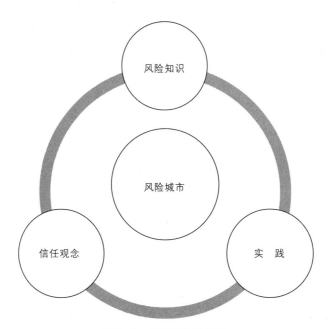

图2-1　风险城市的框架

2.2.1　风险城市的风险构成

正如我们所见到的那样，风险及其接连不断的不确定性是风险城市概念化的核心。因此，风险是框架的本体论基础。风险城市首先是关于威胁与未来不确定性的认识，这与环境和气候变化问题相关，但并不局限于环境和气候变化问题。事实上，风险左右着城市的现在与未来，不仅关系到城市社会及其政治活动，而且关系到促进城市规划与实践的发展。

风险城市的一个主要特征是其本体论建立在关于城市所面临风险知识

的不确定性的基础上。在大多数情况下，关于风险的认识面临公众和专家群体的质疑，这意味着风险城市存在于不稳定的、受到挑战的及不确定的知识阴影之下。不同的人具有不同的兴趣与背景，因此对风险有不同的解释和操作，这意味着关于风险的知识"天生即处于不安之地"。

社会科学文献中的风险概念是由风险的两种认知所支配的（Beamish，2001；Lidskog et al.，2006）。首先是基于技术或定量方法，通常根据评估专家对于危险事件的规律性与严重性的意见而予以关注（Jarvis，2007），例如学者计算概率、估算成本和负债（Crouch and Wilson，1982；Heimer，1985；Petak and Atkisson，1982）。在 20 世纪 70 年代与 20 世纪 80 年代，学术兴趣转向理解影响公众风险观念的因素。本研究的轨迹使用假定的风险"客观"措施（即概率）作为对比的基准，一直由心理范式所主导，强调个体认知（Beamish，2001）。从这个角度来看，风险是可以测量与观察的。当风险可被指定为事件概率时，就认为它是存在的，否则就视为不确定的（Gunder and Hillier，2009；November，2008）。由于风险内特定的时间框架，Renn 与 Rohrmann（2000：14）将风险定义为物理或社会或经济伤害/损害/损失的可能性。"危险"是指一种可能对人、自然或人工设施有害的情况、事件或物质。处于风险中的"人"可能是居民、工作场所的员工、有潜在危险的产品的消费者、旅行者/通勤者或全社会公众。

这个风险的定义也包括政治上的伤害，从而使在城市层面的风险分析适应政治与宗教冲突，以及其真正的与可能的结果。

在气候变化的知识领域，科学家、政治领导人及其他私营部门之间存在明显的认知分歧。虽然世界各地来自不同学科的成千上万的专家强调风险、不确定性和气候变化的影响，但是一些科学家认为，其他人正在夸大气候变化的风险，或完全否认它。例如，针对政府间气候变化专门委员会（IPCC）发布的 2007 年气候变化研究报告，国际学院委员会（IAC）对此进行了评述，认为该报告"含有夸大及虚假的声称喜马拉雅冰川将会在2035 年前全部融化的断言"。因此，由许多科学家组成的 IAC（其中一些来自英国皇家学会），发表了融入世界主要气候变化团体研究实践观点的"一份毁灭性报告"，并对其可信度提出了质疑（Bowater，2010；IAC，

2011）。

　　风险的第二个认识是社会建构主义及其定性特点。沿着 Douglas 与 Wildavsky（1982）对风险认识的开创性工作，社会科学家认为，风险行为和认知既没有被其发展中所形成的外部社会与文化环境所理解，也没有被其所分析（Sommerfield et al.，2002；Jabareen，2006）。因此，一些人认为，理解一个人对于风险的解释需要关注其更广泛的社会、文化和历史背景（Beamish，2001；Erikson，1994）。社会科学文献也表明，同一社会集团的成员很可能采取某些价值标准并拒绝其他标准，这个采用和拒绝的过程可被理解为确定风险的可接受性（Snary，2004）。这样一来，风险认识不仅取决于政治和行政结构，而且根据不同的历史传统与文化信仰而发生变化（Healy，2004；Jasanoff，1986，2004；Rohrmann，2006）。建构主义的观点也认为，风险"不是客观条件，而是一种现实的社会建构，它始于人们如何解释不幸的问题"（Hoogenboom and Ossewaarde，2005：606）。

　　因此，每个社会基于自己对不确定性、知识、政治组织与价值观、政治与市场力量以及资源的理解和解释，对风险城市有自己的理解。风险意味着不同人的不同事情，取决于其社会、经济和政治能力及其政治忠诚与社会环境。总的来说，这有助于我们更好地了解风险城市政策、规划、开发与可持续发展议程及应对气候变化的差异，并理解风险城市的不同方法。发展中城市里的贫困人口占地球上人口的绝大多数，城市是其家园，尽管他们并不担心全球变暖与物种灭绝，但是，他们可能比其他人更容易受到气候变化的影响。他们在不同的领域使用不同的术语来考虑其基本风险。对他们来说，表达风险概念最常见的词汇就是食物、清洁水、就业和城市卫生。

　　风险城市概念框架的一个问题是 November（2008）所提出的"虚拟威胁"的事实。为此，许多人、城市社区、城市及政策制定者可能不把气候变化的风险看成是严重的或紧急的事情。从其角度来看，许多气候变化导向的风险可能并不存在或者可以轻易地被忽略。

2.2.1.1　权力与风险的概念

风险是关于权力和资源的配置，而风险概念则成为我们城市中政治与社会力量手中的一种工具。由于降低与处理风险需要资源分配与消费，因此政治家及特殊的其他经济利益相关者会收回重新构建风险的权力。那么，他是谁，谁考虑风险，谁是风险的接受者与目标受众？专家和科学家通常把重新构建风险作为我们社会与城市社区的一门科学，特殊的拥有权力的利益相关者"劫持"了重新定义可接受风险水平的权力。毫无疑问，决策者和政治家会根据政治、经济与社会考量来优先考虑风险。在处理风险与风险城市时认为政治家和决策者仅仅考虑科学事实有些过于天真了。根据Beck（1992，2005）的观点，"即使风险影响的最克制与温和的客观主义的故事也涉及隐含的政治、伦理和道德"。风险城市涉及地方与国家层面的社会冲突，这是对国际政治及世界政治中分裂的气候变化紧张情况的回应与反应。毕竟，正如Beck所提醒我们的那样，"并不是所有的参与者真的受益于风险的自反应——只有那些真正界定自身风险范围的人才会如此"。

城市愿意接受一定程度的风险与不确定性。吉登斯表示，"接受风险也是兴奋的事情"，而"积极地拥抱风险是现代经济创造财富的活力之源"。相反，笔者认为，对城市居民而言，接受源于气候变化的风险及其他威胁可能是非常危险的。事实上，最近世界各地新兴城市的证据表明，以前在气候变化领域可以接受的风险水平，现在已经变得太危险甚至无法继续承受。

2.2.2　作为信任组成部分的风险城市

每当风险城市面临和处置风险时，人们为了取得彼此的信任就要通过协商的手段。随着风险的出现，紧随其后的是有关信任的协商。信任是风险城市的根本，因为它与风险是辩证的关系。不同学科的理论家们强调信任与风险之间的相互关系（Beck，1996；Beck et al.，1994；Gambetta，1988；Giddens，1990，1991；Kelley and Thibaut，1978；Josang and Presti，2004；Luhmann，1979；Molm et al.，2000）。Giddens（1990：35）认为："风险与信任相互交织，信任通常有助于减少或使从属于特定活动的危险最小化。"Molm等（2000：1402）把信任概念化为一种应对不确定性和风险的新兴现象。信任可以被界定为对由社会关系以及公民与政府之间关系引发的不确定性的正面估计（Guseva and Akos，2001）。

信任反映了风险城市的社会与政治环境，更多地体现为一种安全的感觉。信任还是对一个城市、城市政府当局及其具体与抽象设施的信任。这是对城市本身的信任，由于信任降低了不确定性，因而其在风险城市里发挥着至关重要的作用。信任通常被理解为相信他人的诚信（Ross et al.，2001；Guinnane，2005）。事实上，信任是人类社会的基本纽带（Dunn，1984）。根据 John Locke 的观点，信任就是"人类生存的根本"（Locke，1976：122）。Barber（1983：165）将信任定义为"社会学习与社会上通常的预期，人们彼此之间、与生活的组织与机构之间、以及与生活其中的自然与道德社会秩序之间有相互关系，而自然与道德社会秩序为他们的生活树立了基本认识"。

风险城市的居民寻求或应该信任政府当局、机构及其构成的城市系统。在风险城市里，信任可以以多种形式、层次及规模出现，从面对面的交流到机构、基础设施建设与技术系统。我们要相信，不论在任何情况下，我们的地铁系统都能正常工作。吉登斯（1990：34）扩充的信任定义包括"抽象原则"（如技术知识）及与现代化有关的机构，并最终将信任定义为"对于给定的一组结果或事件，相信人或系统的可靠性，表明相信他人的正直或爱，或相信抽象原则的正确性"。

作为人类生存核心的一种感觉（Arrow，1972；Luhmann，1979）与任何社会存在的前提，信任履行了风险城市的重要社会功能。信任似乎使机构、市场与社会能够更好地运转（Leigh，2006）。信任也能够促进长期的社会稳定（Cook and Wall，1980），降低交流与交易成本（Fukuyama，1995；Schmidt and Posner，1982），并提高生活质量（Schindler and Thomas，1993）。信任是重要的社会交换（Kollok，1994；Molm et al.，2000），是社会控制与保护的工具（Barber，1983），并成为社会资本的重要组成部分（Coleman，1988；Putnam，1995）。

笔者认为在风险城市里，居民参与规划和营造其自己的空间提升了他们之间的信任水平。研究也发现：信任也在社区发展（Cebulla，2000；

Dhesi，2000）与协作计划（Kumar and Paddison，2000）中扮演着重要的角色。

　　信任与公众、民众及其行政与政治机构之间的关系有关。理论上，面对不确定性及新兴的或预期的风险，公共机构寻求提高信任。然而，实际上，Gunder 与 Hillier（2009：59）的主张是正确的："人类社会越来越停留在恐惧与焦虑的世界里，很大程度上是由在自己能力范围内缺乏信任造成的，而且其国家机构有能力知道并能提供一个更美好的世界。"

　　信任像风险一样，是由社会与文化构成的。在风险城市里，不同的个人与社会群体拥有不同质量与强度的信任感受与看法。笔者还认为，基于信任的社会结构、多样性及人口与社会经济环境，不同城市具有不同特征的信任概念。Earle 与 Cvetkovich（1995）认为，社会信任是基于"文化价值观"的判断，作为个体倾向于相信机构，在他们看来应根据与其匹配（或类似）的价值来发挥作用。根据社会背景及个人与文化团体之间的关系，这些价值会随时间而发生变化。Cvetkovich 和 Winter（2003）发现了信任与共享的关键价值评估之间存在着清晰的相关关系。各国有关信任的文献已经表明了这种变化（Knack and Keefer，1997；Uslaner，2002）：表现在社区层面当地土著与移民群体之间（Leigh，2006），以及美国国内的城市之间（Alesina and La Ferrara，2005）。

　　风险城市信任的缺乏产生了不良后果。一些研究表明，缺乏信任会导致社区与社会混乱，随之增加了犯罪与违约率（Sampson and Groves，1989；Shaw and McKay，1942）。其他一些人认为，威胁条件与高程度的混乱增加了不信任并破坏了社区意识（Greenberg and Schneider，1997；Ross et al.，2001；Skogan，1990；Taylor and Shumaker，1990）。有说服力的证据表明，笔者在加沙地带的研究得出令人信服的结论：

　　信任关系是世界上任何地方建立社区的奠基石。因此，为了社区可持续发展，规划者应该支持居民之间的信任关系。这需要文化-敏感性规划（Jabareen and Carmon，2010：446）。

　　在其他地方，笔者认为，风险增加了城市的社会结构之间的摩擦，损害了城市范围内信任的基本职能，增强了无助和脆弱的感觉。此外，风险还逐渐破坏了社会稳定与生活质量，并破坏人们之间的合作，摧毁了社会意识和归属感，损害了正式的城市机构间的信任（Jabareen，2006b）。

2.2.3　作为实践组成部分的风险城市

在风险城市里，信任与风险都有助于塑造社会实践。Giddens（1976）使用"双重解释学"这一术语描述了这种观测，"当科学概念在社会意义上被广为接受时，它们不仅反映社会实践，而且构建了社会实践"（Hakli，2009：14）。因此，风险和信任描述并且构建了与风险城市相关的社会及规划实践。

风险城市的一个主要方面是由其社会政治及空间实践所构成的，而框架旨在对这些不确定性做出反应并应对最严重的危险。这样，风险城市主要从事"结构性安排"，做"应急预案"，预防、减缓与适应活动。因此，风险城市必须被理解为一个面向未来的社会-空间政治概念，能动态地组织并构建各种框架结构，以确定自己的未来而不是把它留给命运之手。风险城市积极利用风险条件，创造性地重构自身并解决与人类、能源、环境、空间和经济发展相关的问题。用 Beck（2005：3）的话说，风险是"预测和控制人类行为未来后果的现代方法"。

从风险城市的实践领域来看，应对气候变化只是其中一个，这是一个复杂的非线性、非确定的动态结构及本质不确定的现象，并且受到大量的经济、社会、空间和物理因素的影响。然而，规划理论没有为我们提供解决这一复杂问题的妥善方案，尽管许多人承认具备这种能力的重要性，但是规划者和从业人员缺乏妥善处理这一问题的必要知识与经验。

实践导向的风险问题的性质与风险本身有关，尤其是其特有的不确定性与复杂性：

（a）因为风险在本质上是面向未来的，而不是立即或紧迫的需要，因此它通常被视为不需要紧急处理，很长一段时间常常被忽略。

（b）风险有时与问题有关，如果可能的话，就要去理解和科学地解决风险（Bickerstaff et al.，2008：1315）。

（c）因为处理风险所需要采取措施的成本可能很高，因此政府当局要么忽略风险，要么以成本最低的方式处理风险。

（d）因为在某些情况下解决风险没有直接的政治利益，因此许多政治领导人简单地选择悄悄忽略风险。

（e）不确定性所造成的实践难以设计与规划。虽然当应对未来风险时，实践需要在城市层面解决复杂性，但是我们现存的城市理论与我们的实际经验均不能为指导实践提供足够的工具。

因为风险蕴含着不确定性（事实上，我们不知道风险何时、在哪里、以什么强度出现），这是到目前为止规划未能有效应对这一现象的原因。规划理论、实践与教育已经被线性控制了几十年，即使在最发达的城市，应对城市问题及威胁的规划实践也以同样的方式进行着。规划仍然缺乏一种合适的处理复杂性的方法，这需要详细阐述。

此外，由于气候变化通常带来了在我们经验范围之外的新的风险与不确定性，并有可能影响社会、经济、生态及任何给定城市的物理系统（IPCC，2007：719），应对城市里的气候变化无疑是一项复杂与多学科交叉的任务，要求向跨学科思考的"范式转变"。我们必须承认，这一点还没有发生。

"复杂性"的概念为组织各种学科间的知识提供了一个清晰连续的观点，最近已经成为人们关注的焦点（Batty，2007）。"复杂性科学"是一类跨学科的领域，它涉及演化的自然与社会系统的一般属性研究（McGlade and Garnsy，2006），这是由与动态系统有关的想法（关于混沌、非线性、突现及惊奇的想法）演化而来的。一些人认为城市是"这些发展的先锋"（Batty，2007：1；Marc and de Roo，2010：93）。复杂性驱动的研究特别强调"非线性动力学驱动的结构性转变，以及探索复杂系统倾向于遵循不稳定与混沌的轨迹"，并越来越被视为迈向替代进化模式构建的重要一步（McGlade and Garnsy，2006：1）。

社会理论家借用自然科学的复杂性语言（Urry，2005），并在城市背景下提出，复杂性思维可以增加我们对城市，特别是对21世纪城市的总体理解（Portugali，2010；Urry，2005）。McGlade与Garnsy（2006）认为，表现关系的可选择方法的出现及事物的复杂性已在社会科学领域形成了新的可能性，这已通过寻找线性与预测关系来控制，线性与预测关系需要

"可能扭曲而不是澄清"的大胆假设。复杂性承认"不可预测性与不确定性、模糊性与多元化，并没有成为彻底的相对主义者，它对控制着我们城市思想的理论与科学的必然性产生了怀疑"（Batty，2007：31）。

然而，当前处理复杂性的方法是有问题的，它们主要是定量与基于复杂性的计算机模型，而城市现象本质上主要是定性的。这些方法"不适于定量统计分析，因此很少对主流城市复杂性理论感兴趣"（Portugali，2010）。尽管一些定性的城市现象可以并已经通过建模进行模拟，但是像其他21世纪城市亟待解决的问题一样，这些城市现象都是"定性的"，没有硬性数据。为此，它们没有采用城市复杂性理论的主流话语来解释城市现象（Portugali，2010）。复杂性理论对城市研究的潜在贡献还有待实现。

就其本性而言，致力于风险城市与城市弹性的复杂构成研究要求"复杂性思考与复杂性方法"（见 de Roo and Juotsiniemi，2010：90）。复杂性方法为我们提供了一种深刻洞察并寻求有关城市未来轨迹的合适方法，也迫使我们采取更为全面的观点（Batty，2007）。

2.3　风险城市和空缺的困境

在实践中，使用法国心理学家与思想家雅克·拉康（Jacques Lacan）提出的术语，风险城市可被认为处于空缺的状态。因为它不参与解决所有类型风险的实践，许多方面还未能使城市居民之间达成信任。从这个意义上说，风险城市寻求提供人们觉得他们缺少的东西。笔者同意 Gunder 与 Hillier 的观点，他们的空间规划理论引进了"空缺"的概念，并认为"我们欢迎赋予我们新的自我认同与信念的任何东西……我们尤其欢迎新概念和想法，在某种程度上带给我们能够控制或对可能发生的生命复杂度的'确定性'的感觉，包括我们的环境及我们的未来"（Gunder and Hillier，2009：29）。因此，风险城市的规划与实践被认为要减少怀疑与不确定性，并确定对未来的承诺。然而，这些"虚构的规划及其规定缺乏解决方案"（Gunder and Hillier，2009：29）。建立在不稳定基础上的风险城市，要求我们"继续为确定性而规划，即使我们知道——在我们的内心——那仅仅是对错觉与合理化的假设"(Gunder and Hillier，2009：29)。

风险城市并不能解决所有类型的风险（如图2-2所示）。

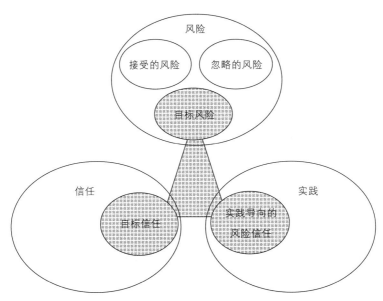

图2-2 风险城市的缺乏

除了寻求解决与减缓目标风险外，风险城市还要接受或同意接受没有挑战性（由于各种政治、经济和文化方面的原因）的可接受风险，以及风险城市有意识地或无意识地忽视的风险。这对城市的信任区域产生直接影响，因为当其他城市接受风险城市的决策功能而忽略其他功能时，一些城市通过具体实践与规划（包括真实的和"假想的"）构造和加强了影响。图2-2中的阴影区域代表了目标风险与信任以及由它们引发的实践。非阴影区域代表风险城市的"空缺"：它是未知的风险与信任领域及城市里相应的实践，要么从来没有产生，要么从来没有被使用。

"本构缺乏"的概念最初作为一个本体论的概念出现在Jacques Lacan的著作中（Robinson，2005）。其理论的基本要求是：不论个人或社会，都会发现社会与政治后果的身份空缺，因为它排除了在基本消极忍受的任何地区实现实质性改进的可能性。这样一来，它就是"根深蒂固的"

（Mouffe，2000）。由于其特别缺乏，也就是说，信任边界内的区域仍未实现，风险城市作为主题将始终尝试通过生产空间与社会规划及实践去补偿。按照Stavrakakis（2007：25）的观点，这一过程使风险城市在居民眼中保持着创新与活力。

作为空缺主题的想法必须承认这样一个事实：这个主题总是试图通过不断的识别行为在代表层次上弥补构成上的空缺。

对于风险城市来说，信任是必要的，缺乏安全、确定性、可持续性则是不可想象的。为了努力填补这一空缺，就需要通过社会实践及"务实的社会建设"，以及乌托邦愿景与努力创造一个理想的状态（见 Laclau，2003）。

2.3.1 风险城市的地域

每个风险城市都有其特定的脆弱地域，这些脆弱地域在不同城市的空间分布也有所不同，有些地方比另一些地方更脆弱些，比如在海啸或风暴期间的沿海地区。风险城市也会影响人们的空间实践与空间行为。例如，城市居民通常倾向于沿着风险更低的路线行进，避免常见的犯罪与暴力地点，并绕过被"其他风险"包围的地方。由于城市危机造成了团体之间的不信任，人们指望用信任的空间替代社会机构（Jabareen，2006）。空间的风险以一种抽象的方式体现了脱离"家"的恐惧感觉，以及失去所有熟悉事物（所有我们已经在文化与社会上习惯于理所当然的东西）的风险。作为一个集体、一个社区、一个国家，所有的事情对我们来说都是独特的。

2.4 作为风险化城市的风险城市

在本书中笔者使用了"风险化城市"这个术语，是指现代城市对人类总体风险是有"贡献"的，特别是它们自身蕴含的风险。从这个角度来看，基于城市的生产和消费模式，风险城市也是一个风险化的城市。自工业革命与全球化发展以来，城市已成为温室气体的主要生产者。通过能源与材料的生产和消费，城市对自身及对人类构成了非常真实的风险。主要发达国家的一些城市已经采取了环境议程、规划、公共政策及旨在减少城市排放的行动，尽管这些努力已经被限制在有限的范围内。然而，由于可用的资源、政治结构、知识和高度贫困等一系列原因，绝大多数的发展中国家未能对这种环境问题表现出应有的关注。

2.5　结论

　　风险城市是风险、信任及实践的概念化，揭示了当代城市及其居民所面临的风险与不确定性，以及应付它们所采取（或不采取）的行动。同时，风险城市是连接理论与实践的桥梁。风险城市获取与未来不确定性相关的环境与气候变化及其他重大风险等知识，并且为了应对和消除这些不确定性，构建社会政治和空间框架。为了确定自己的未来，风险城市不断地调动各种资源，以积极的方式利用风险的条件创造性地重建自身并解决人类、能源、环境、空间和经济发展的问题。存在不足是风险城市的主要驱动力之一，因为风险城市试图赢得居民的信任，但这样做只能取得部分成功。像风险和信任的组成部分一样，风险城市是由社会与文化构成的，在不同的社会与政治环境下，风险城市对不同的人意味着不同的内涵。

参考文献

Alesina, A., & La Ferrara, E. (2005). Ethnic diversity and economic performance. Journal of Economic Literature, 43, 762–800.

Arrow, K. J. (1972). Gifts and exchanges. Philosophy and Public Affairs, 1, 343–362.

Beck, U. (1992). Risk society: Towards a new modernity. London: Sage.

Beck, U. (2005). Power in the global age. Cambridge: Polity Press.

Blumenfeld, H. (1969). Criteria for judging the quality of the urban environment. In H. J. Schmandt & W. Bloomberg (Eds.), The quality of urban life 3 (pp. 137–163). California: Sage Publications.

Barber, B. (1983). The logic and limits of trust. New Brunswick, NJ: Rutgers University Press.

Batty, M. (2007). Complexity in city systems: Understanding, evolution, and design. MA: MIT Press.

Beamish, T. (2001). Environmental hazard and institutional betrayal: Lay–public perceptions of risk in the San Luis Obispo County oil spill. Organization and Environment, 14(1), 5–33.

Beck, U. (1996). Risk society and the provident state. In S. Lash, B. Szerszynski, & B. Wynne (Eds.), Risk, environment and modernity. London: Sage.

Beck, U., Giddens, A., & Lash, S. (1994). Reflexive modernization: Politics, tradition, and aesthetics in modern social order. Cambridge, UK: Polity.

Bickerstaff, K., Simmons, P., & Pidgeon, N. (2008). Constructing responsibilities for risk: Negotiating citizen–state relationships. Environment and Planning A, 40, 1312–1330.

Bowater, D. (2010). Climate change lies are exposed. Sunday Express. http://www.express.co.uk/news/uk/196642/Climate-change-lies-are-exposed. Accessed August 31, 2010.

Cebulla, A. (2000). Trusting community developers: The influence of the form and origin of community groups on residents' support in Northern Ireland. Community Development Journal, 35(2), 109–119.

Coleman, J. S. (1988). Social capital in the creation of human capital. American Journal of Sociology, 94, 95–120 (Issue Supplement: Organizations and Institutions: Sociological and Economic Approaches to the Analysis of Social Structure).

Cook, J., & Wall, T. (1980). New work measures of trust, organizational commitment, and personal need nonfulfillment. Journal of Occupational Psychology, 53, 39–52.

Crouch, E. A. C., & Wilson, R. (1982). Risk/benefit analysis. Cambridge, UK: Ballinger.

Cvetkovich, G., & Winter, P. L. (2003). Trust and social representations of the management of threatened and endangered species. Environment and Behavior, 35, 286–307.

De Roo, G., & Juotsiniemi, A. (2010). Planning and complexity. In Book of Abstracts: 24th AESOP Annual Conference (p. 90). Finland.

Deleuze, G., & F. Guattari. (1991). What Is Philosophy? New York: Columbia University Press.

Dhesi, A. S. (2000). Social capital and community development. Community Development Journal, 35(3), 199–214.

Douglas, M. A., & Wildavsky, A. (1982). Risk and culture: An essay on the selection of technological and environmental dangers. Berkeley, CA: University of California Press.

Dunn, J. (1984). The concept of trust in the politics of John Locke. In R. Rorty, J. B. Schneewind, & Q. Skinner (Eds.), Philosophy in history: Essays on the historiography of philosophy(pp. 279–301). Cambridge: Cambridge University Press.

Earle, T. C., & Cvetkovich, G. T. (1995). Social Trust: Towards a cosmopolitan Society. New York: Praeger.

Erikson, K. (1994). A new species of trouble: The human experience of modern disaster. New York: Norton.

Fukuyama, F. (1995). Trust: The social virtues and the creation of prosperity. New York: Free Press.

Gambetta, D. (1988). Can we trust trust? In D. Gambetta (Ed.), Trust: Making and breaking cooperation relations (pp. 213–237). New York: Basil Blackwell.

Giddens, A. (1976). The rules of sociological method. London: Hutchinson.

Giddens, A. (1990). The consequences of modernity. Stanford, California: Stanford University Press.

Giddens, A. (1991). Modernity and self–identity. Self and society in the late modern age. Cambridge: Polity Press.

Giddens, A. (1999). Runaway world: Risk. Hong Kong: Reith Lectures.

Greenberg, M., & Schneider, D. (1997). Neighborhood quality, environmental hazards, personality traits, and resident actions. Risk Analysis 17(2), 169–175.

Guinnane, T. W. (2005). Trust: A concept too many. Economic Growth Center, Yale University.http://www.econ.yale.edu/growth_pdf/cdp907.pdf.

Gunder, M., & Hillier, J. (2009). Planning in ten words or less: A Lacanian entanglement with spatial planning. Farnham: Ashgate.

Guseva, A., & Rona-Tas, A. (2001). Uncertainty, risk, and trust: Russian and American credit card markets compared. American Sociological Review, 66(5), 623–646.

Häkli, J. (2009). Geographies of rust. In J. Häkli & C. Minca (Eds.), Social capital and urban networks of trust (pp. 13–35). Farnham: Ashgate.

Harvey, D. (1996). Justice, nature and the geography of difference. Cambridge, MA: Blackwell.

Healy, S. (2004). A "post–foundational" interpretation of risk: Risk as "performance". Journal of Risk Research, 7(3), 227–296.

Heimer, C. (1985). Reactive risk and relative risk: Managing moral hazard in insurance contracts. Berkeley: University of California Press.

Hillier, J. (2010). Introduction. In J. Hillier & P. Healey (Eds.), The ashgate research companion to planning theory: Conceptual challenges for spatial planning (pp.

1-34). Farnham: Ashgate.

Hoogenboom, M., & Ossewaarde, R. (2005). From iron cage to pigeon house: The birth of reflexive authority. Organizational Studies, 26(4), 601-619.

IAC—InterAcademy Council. (2011). InterAcademy council report recommends fundamental reform of IPCC management structure. http://reviewipcc.interacademycouncil.net.

IPCC—Intergovernmental Panel on Climate Change. (2007). Climate change 2007: Fourth assessment report of the intergovernmental panel on climate change. Cambridge, MA: Cambridge University Press.

Jabareen, Y. (2006a). Sustainable urban forms: Their typologies, models, and concepts. Journal of Planning Education and Research, 26(1), 38-52.

Jabareen, Y. (2006b). Conceptualizing space of risk: The contribution of planning policies to conflicts in cities—lessons from Nazareth. Planning Theory and Practice, 7(3), 305-323.

Jabareen, Y., & Carmon, N. (2010). Community of trust: A socio-cultural approach for community planning and the case of Gaza. Habitat International, 34(4), 446-453.

Jarvis, D. (2007). Risk, globalization and the state: A critical appraisal of Ulrich Beck and the world risk society thesis. Global Society, 27(1), 23-46.

Jasanoff, S. (1986). Risk management and political culture: A comparative study of science in the policy context. New York: Russell Sage Foundation.

Jasanoff, S. (1999). The songlines of risk. Environmental Values, 8(2), 135-152.

Josang, A., & Lo Presti, S. (2004). Analysing the relationship between risk and trust. In: Second International Conference on Trust Management (iTrust 2004) (pp. 135-145). Oxford, UK. March 29-April 1, 2004.

Kelley, H., & Thibaut, J. (1978). Interpersonal relations: A theory of interdependence. New York: Wiley.

Knack, S., & Keefer, P. (1997). Does social capital have an economic payoff? A cross-country investigation. Quarterly Journal of Economics, 112, 1251-1288.

Kollok, P. (1994). The emergence of exchange structures: An experimental study of uncertainty, commitment and trust. American Journal of Sociology, 100, 313-345.

Kumar, A., & Paddison, R. (2000). Trust and collaborative planning theory: The case of the Scottish planning system. International Planning Studies, 5(2), 205-223.

Laclau, E. (2003). Why do empty signifiers matter to politicians? In S. Zizek (Ed.), Jacques lacan (Vol. III, pp. 305-313). London: Routledge.

Leigh, A. (2006). Trust, inequality and ethnic heterogeneity. Economic Record, 82(258), 268-280.

Lidskog, R., Soneryd, L., & Uggla, Y. (2006). Making transboudary risks governable: Reducing complexity, constructing spatial identity, and ascribing capabilities. A Journal of the Human Environment, 40(2), 111-120.

Locke, J. (1976). In E. S. De Beer (Ed.), The correspondence of John Locke (Vol.

5). Oxford: Clarendon Press.

Luhmann, N. (1979). Trust and power. New York: Wiley.

Marc, B., & de Roo, G. (2010). What can spatial planning learn from ecological management? Exploring potentials of panarchy for spatial management. In Book of Abstracts: 24th AESOP Annual Conference (pp. 93–94). Finland.

McGlade, J., & Garnsey, E. (2006). The nature of complexity. In E. Garnsey & J. McGlade (Eds.), Complexity and co-evolution (pp. 1–21). MA: Edward Elgar.

Molm, L., Takahashi, N., & Peterson, G. (2000). Risk and trust in social exchange: An experimental test of a classical proposition. American Journal of Sociology, 105 (5), 1396–1427.

Mouffe, C. (2000). The democratic paradox. London: Verso.

Nature (Ed.). (2010). Cities: The century of the city. Nature, 467, 900–901.

November, V. (2008). Spatiality of risk. Environment and Planning A, 40 (7), 1523–1527.

Ollman, B. (1990). Putting dialectics to work: The process of abstraction in Marx's method. Rethinking Marxism, 3 (1), 26–74.

Petak, W. J., & Atkisson, A. A. (1982). Natural hazard risk assessment and public policy. New York: Springer.

Portugali, J. (2010). Complexity, cognition and the city. Berlin: Springer.

Putnam, R. (1995). Bowling alone: America's declining social capital. Journal of Democracy, 6 (1), 65–78.

Renn, O., & Rohrmann, B. (Eds.). (2000). Cross-cultural risk perception research. Dordrecht: Kluwer.

Robinson, A. (2005). The political theory of constitutive lack: A critique. Theory and Event, 8 (1).

Rohrmann, B. (2006). Cross-cultural comparison of risk perceptions: Research, results, relevance. Presented at the ACERA/SRA Conference. http://www.acera.unimelb.edu.au.

[第3章]
城市应对气候变化的规划实践①

3.1 引言

气候变化带来了新的风险和不确定性，常常超出我们的经验范围，并有可能影响社会、经济、生态和任何给定城市的物理系统（IPCC 2007：719）。因此，气候变化及其产生的不确定性向规划概念与实践提出了挑战，需要重新考虑与修改当前的规划方法。当涉及城市时，"我们仍处在设置议程与研究方向的阶段，并且问题比答案多"（Priemus and Rietveld，2009：425）。此时，正如哈丽特（Harriet，2010：20）所指出的："我们根本不知道过去20年里实施的许多举措所产生的影响，或者这些成就可能意味着全体的共同努力。"

最近有关这一主题的文献清楚地表明，气候变化已经发生。这生动地反映在美国东北部、世界上建筑物最多的地区之一，那里是大约6 400万人的家园，包括纽约市，并且提供了一个引人注目的案例，说明气候变化正在产生影响（Horton et al.，2014）。正如2011年和2012年分别发生的超级风暴"艾琳"和"桑迪"所证明的那样，该地区非常容易受到气候变化

① ©Springer Science+Business Media Dordrecht 2015 Y. Jabareen, The Risk City, Lecture Notes in Energy 29, DOI 10.1007/978-94-017-9768-9_3

的影响。在过去的 115 年里（1895 年至 2011 年间），东北部的气温增加了几乎 2°F（每 10 年 0.16°F），并且降水增加了大约 5 英寸（每 10 年 0.4 英寸），或者超过 10%（Kunkel et al.，2013）。东北地区降水的增加比美国其他地区更为极端，突出反映是在 1958 年至 2010 年之间的降水量增加超过 70%（Horton et al.，2014；Groisman et al.，2013）。由于自 1900 年以来海平面上升了大约 1 英尺——超过了全球平均约 8 英寸的水平，因此沿海洪灾也增加了（Church，2010）。

　　虽然城市应对气候变化是一项复杂的、多学科相关的任务，需要跨学科思考的"范式转换"（Bosher，2008；CCC，2010；Coaffee and Bosher，2008；Dainty and Bosher，2008；Godschalk，2003），但是有关这一主题的大多数文献仍然是支离破碎的且通常忽略了问题的多学科性质，从而对这一问题的认知具有局限性。毫无疑问，专注于问题的一个或少数几个方面，最终将导致不准确的结论，从而曲解影响气候变化的多种原因、无效的政策，以及"不幸的，有时是灾难性的意想不到的后果"（Bettencourt and Geoffrey，2010）。因此，在城市背景下，为了应对气候变化而进行的规划的主要理论挑战，似乎是提出一个多学科的框架，使用集理论与实际于一体的风险城市实践，去应对气候变化带来的后果。

　　以下部分概述了在城市背景下构建应对气候变化规划（PCCC）的基础理论方法。本章第 3 节展示了概念框架及其概念，并在最后一节得出了若干结论。

3.2　方法论：如何构建概念框架

　　在应对气候变化概念框架（CFCCC）的理论中，笔者使用了"内在平台"的本体论概念及 Deleuze 与 Guattari（1991）所使用的"概念"术语。概念框架是内在平台及相互关联概念的网络，它们一起给出了对这一现象的全面理解（Jabareen，2009：51）。这是一个"建造的客体"（Bonta and Protevi，2004：62-63），是由它包含的概念以及各个概念之间的交织关系来定义的。因此，概念框架不是一个个概念的集合，而是"一致"概念的构成体，其中每个部分都发挥着不可或缺的作用，并内在地与其他部分联系起来。这使其能够更好地提供"不是一个因果关系/分析的设置，而是一种对社会现实的解释性方法"，并使我们理解它包含的多个相互关联的概念（Jabareen，2009：51）。

根据 Deleuze 与 Guattari（1991：15）的观点，"每个概念都有若干个组件并被它们所定义"，并且"没有只包含一个组件的概念"。组件界定了概念的一致性，同时每个组件都是独特的并由不同的成分构成，每个组件之间也是不可分割的。它具有多样性，但并不是每个多样性都可以定义一个概念。每个概念都必须理解为"与自己的组件、其他概念、它所定义的平台及假定要解决的问题有关"（Deleuze and Guattari，1991：21）。此外，每个概念都有自己的历史并通常包含源自其他概念的"比特"或组件。换句话说，所有涉及的概念都支持其他概念，它们总是由某些概念所创建，而无法凭空产生。笔者采用了概念分析的方法构建 CFCCC（Jabareen，2009）——一种旨在生成、识别、抽象和跟踪主要概念的实地理论技术，这些重要概念一起构成了充满奇迹的理论框架（Jabareen，2009）。这种方法揭示了概念框架的构建分为以下阶段：（a）筹划选定的数据源；（b）浏览文献与选定数据分类；（c）确定与命名概念；（d）解构和概念分类；（e）整合概念；（f）合成、再合成，并使其言之有理；（g）验证概念框架；（h）反思概念框架。

数据的主要来源是多学科文献及多种知识体系与状态。概念框架分析的文本选择代表了空间、生态、环境、经济、社会、文化及政治等多学科文献，这些文献关注研究中的现象。数据的来源多样，包括图书、文章、报纸、散文和采访。大部分文献与数据是特定学科的理论代表。然而，当我们采用多学科的研究方法时，这些学科导向的理论就成了概念框架分析的经验数据（如图3-1所示）。

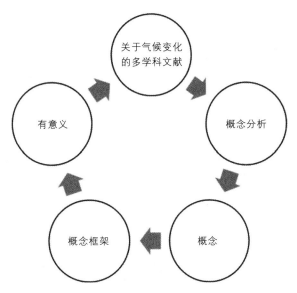

图 3-1　构建应对气候变化城市框架的过程

3.3　风险城市实践的概念

概念框架由一系列评估的概念组成，并且都是直接以这样或那样的方式指导着气候变化适应与温室气体减排，如图 3-2 所示。

风险城市的这种实践或理论-实践框架，是为了减少源于气候变化的风险和不确定性。这种框架由六个概念组成，每一个概念都有不同的内容和理论背景。虽然在有关环境与气候变化的文献中减缓与适应的概念占主导地位，但是从气候变化的角度来看，这些标准或概念在理论与实践上都不足为风险城市实践提供完整的描述。其他概念对于我们理解风险城市的理论与实践背景做出了重大贡献。例如，公正的概念代表了与气候变化实践导向有关的正义与伦理性的要素，而综合城市治理建议通过整合机构与构建新组织来管理风险城市，以迎接气候变化风险所带来的挑战。把生态经济学或"绿色经济"整合到风险城市的实践中来，有助于促进与推动其他已经存在的实践。最后，这些实践的愿景——风险城市的愿景——重新组织了现在的问题及不足，并呼吁现在或将来弥补这种不足。

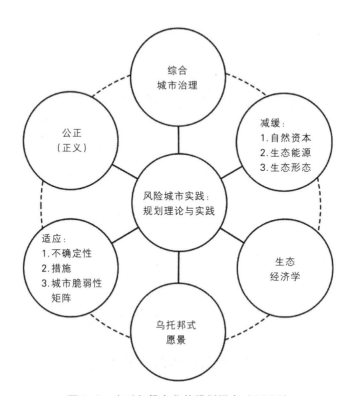

图3-2 应对气候变化的规划概念（PCCC）

风险城市实践的概念如下：

3.3.1 乌托邦式愿景

风险城市的乌托邦式愿景要求弥补当前城市社会与空间条件的不足及现在或将来存在的"差距"。风险城市总是保持着应对自身不稳定的状况及不足的梦想与愿景。David Harvey（2000：195）认为，乌托邦式愿景与梦想"从未消失"，并且"隐藏在我们的欲望之中"。Friedmann（2002：3）认为乌托邦式的思维处处富有想象。

未来完全不同于我们所知道的事物的普遍秩序……一种通过打破惯例障碍进入想象空间的方式，在那里很多事情超出了我们的日常经验而成为可能。我们需要用建设性的想象力来帮助我们创造我们梦想的、值得努力为梦想奋斗的虚拟世界。

这个概念涉及规划的未来愿景。在通常情况下，城市规划追求一种与众不同的、更理想的未来。理论上，远见或乌托邦式思想的力量在于按照全新的形式与价值观构想其未来（de Geus，1999）。将气候变化作为中心主题融入城市愿景对于实践者、决策者和公众都是至关重要的。有远见的气候变化框架是很重要的，因为它有助于识别问题的条件与变化，提出未来的替代方案，并敦促所有利益相关者共同行动去影响变化。气候变化规划的愿景必须为人们提出一种解释框架，使之能够更好地理解现在和未来与自身生活及整个世界相关的问题（Taylor，2000；Benford and Snow，2000：614）。最近，许多国家、州、城市和社区似乎都已经适应了气候变化起着关键作用的愿景（如CCC，2010；NYC，2009）。乌托邦式愿景的概念评估了规划的远见卓识及关于未来城市生活、城市在减缓气候变化中潜在作用的乌托邦构想。

乌托邦的意义在于其在考虑城市的未来和激励城市与社会变革的关键看法中所扮演的角色（Pinder，2010：345）。令人信服的是，David Pinder认为"乌托邦并非只有历史意义，也有现实意义——甚至是必要的——因为当前迫切需要讨论如何让城市空间及为之拼搏而产生的生活方式更加人性化"。Pinder认为在城市规划中，对乌托邦来说，即使其思想有黑暗的方面，它也是很重要的，因为它仍然是人类精神的一部分。

3.3.2　公正

正义、平等、公平和公正是在最近的文献中有关城市与规划的重要道德术语。在"城市的正义"方面也已经产生了相关的文献，为了制定正义的架构并解决当代城市里的不公平和不平等问题，"城市的正义"已经形成了主要概念框架（如Amin and Thrift，2002；Bernner et al.，2012；Friedmann，2002；Harvey and Potter，2009；Elden，2004；Beauregard and Bounds，2000；Brodie，2000；Fainstein，2009；Marcuse，2009）。理论上，"城市正义"和"公平之城"的框架是建立在道德选择与规范的政治方法之上的，并且规范化的政治方法使基于"道德"要求"建立在公正的基本原则上"的权利更具体化（Marcuse，2012：35）。这两个理论框架是建立在规范性议程之上的，旨在规划城市的空间，希望实现一种更"和谐及公正的城市形态"（Harvey and Potter，2009：40），并创建"一个充满活力、多元文化、公正与民主的城市"（Fainstein，2009：20）。用 Friedmann（2002：104）的话说，这些框架组成了"乌托邦思想的具体形象，提出了使我们更接近一个更公正世界的步骤"。

在风险城市里，正义的角色建立在两个基本假设之上：假设空间生产基于正义与道德议程；假设城市越公正，应对气候变化越有效。

公正包括社会与环境的正义和公平问题，因此其在评估气候变化政策的过程中起着核心作用。公正的概念用来评估一个规划的社会方面，如环境正义、公众参与及解决每个社区应对气候变化脆弱性（城市脆弱性矩阵）的方法。气候变化的影响及减缓气候变化的政策不是均匀分布的，并且会出现"社会化差异"，因此存在当地与国际分配的公平与正义问题（Adger，2001：929；Bruce et al.，1996；Davies et al.，2008；IPCC，2007；Kasperson et al.，2001；O'Brien et al.，2004；Paavola and Adger，2006；Tearfund，2008）。

Mohai 等（2009）理解得更深刻，他们认为气候变化实际上增加了社会的不平等，并且适应性与恢复资源显然存在不均匀分布，正如美国卡特里娜飓风的后果所证明的那样。一些专家认为，世界各国气候变化的不公正是与种族、性别、阶级和种族界限相伴而生的（Mohai et al.，2009；Adger et al.，2006），甚至出现在社区与群体之间，反之亦然。也就是说，真正的不平等会导致更大范围的环境退化，而权力和资源的公平分配将提升环境的质量（Boyce et al.，1999；Agyeman et al.，2002；Solow，1991；Stymne and Jackson，2000）。此外，最容易受到气候变化影响的社区通常是那些具有脆弱性、高风险性，并且可能缺乏足够的技能与基础设施及服务的社区（Satterthwaite，2008）。

所有社会中都包含比其他人更脆弱，并且缺乏适应气候变化的能力的个人和团体（Schneider et al.，2007：719）。在气候变化的背景下，脆弱性是指"系统容易受到气候变化不利影响的程度，气候变化的不利影响包括气候变异和极端天气。脆弱性是一个关于系统接触、灵敏度及适应能力的函数"（CCC，2010：61）。影响一个社会脆弱性的因素有发展道路、物质接触、资源分布、社交网络、政府机构和技术发展等（IPCC，2007：719-720）。

3.3.3　减缓

风险城市运用减缓措施来降低城市所带来的风险。减缓措施也有助于全球努力应对气候变化。总体来说，有关气候变化的文献提出了两种应对气候变化的措施：一是旨在减少温室气体（GHG）排放的减缓措施；二是应对不可避免影响的适应措施（CEC，2009）。这两种措施是风险城市实践的一部分，但是如果没有考虑采用其他重要措施，那么讨论这两种措施就没有什么意义了。因此，风险城市实践需要更多的政策。

减缓是一种"减少导致气候变化的因素，如温室气体因素的行动"（CCC，2010：61），以及"为了控制气候变化的程度而减少温室气体排放及其捕获与储存"的行动（Bulkeley，2010：2.2）。欧盟最近同意到2020年在1990年的水平上减少20%的温室气体排放。然而，如果其他发达国家同意大规模削减排放并且经济较发达的发展中国家能够做出适当的贡献，该协议就可能会修改为减少30%的排放。

借鉴各种知识体系（特别是空间规划、资源和能源），减缓包括如下所述的几种措施：

3.3.3.1　自然资本

自然资本是指"所有自然资源资产的存量，从地下石油到土壤与地下水的存量，从海洋中鱼的存量到全球回收与吸收碳的能力"（Pearce et al.，1990：1）。保持不变的自然资本是衡量可持续性的一个重要标准（Pearce and Turner，1990：44；Neumayer，2001；Geldrop and Withagen，2000）。自然资本存量不应该减少，否则可能危及生态系统，甚至会威胁到子孙后代创造财富及维护其幸福的能力。自然资本为我们提供了消费的主题，并且土地、水、空气及开放空间等可更新的自然资源被用于发展。

3.3.3.2　生态能源

能源是一种"在我们这个时代起决定作用的问题"（Yumkella，2009：1）并且"有权使用清洁与廉价的能源是实现经济社会可持续发展的先决条件之一"（UNIDO，2009：6）。生态能源也许是与气候变化相关的最重要的概念。能源的清洁、可再生与有效利用是实现所有气候变化规划目标的中心主题。这个概念评估了解决能源行业规划的方式以及是否提出减少能源消费并使用新的、更清洁的可替代能源的战略。生态能源的概念表明，为了达到减排的目标，能源应该建立在新的低碳技术基础之上。例如，英国2050年的目标是相对于1990年减排80%。在清洁发电方面，低碳技术将是至关重要的，这种电能可以用于电动汽车、供暖及节能建筑等方面（CCC，2010）。

3.3.3.3　生态形态：风险城市的城市形态

城市形态及其类型对于风险城市至关重要。风险城市所需的形态及其类型可以帮助其应对威胁与不确定性。在过去几个世纪里，城市城墙的防御工事给当地居民提供了一种信任感与降低风险的感觉，并且城市的风险导向类型体现在墙壁、入口、暗道等方面。为了应对不确定性和风险，当代风险城市寻求替代的形态与类型。

谈到城市形态问题时，就要应对气候变化与风险防范。在其他地方，笔者讨论了实现可持续性城市形态的重要性（Jabareen，2006）。但是，随着人们越来越了解风险与气候变化，关于城市形态的可持续发展理念与实践似乎需要在理论与实践上进行更新，这不仅包括适应措施，而且包括降低风险及有助于减缓议程的概念，即利用城市形态及其设计理念更好地对规划应对气候变化及降低风险的使命做出贡献。

城市形态是指"一个城市巨大的、静止的、不变的有形物理空间格局"（Lynch，1981：47）。形态是多个重复序列聚合的结果，是将许多不同的元素与概念汇集到一个城市模式中的结果。它是与土地利用模式、交通系统及城市设计有关特性的综合（Handy，1996：152-153）。城市模式在很大程度上是由数量有限的、类型相对一致的重复元素与其他元素结合而成的。因此，这些模式具有很强的相似性，并且可以在概念上进行分组（Lozano，1990：55）。具体来说，概念的要素可能是街道格局、街区大小与形态、街道设计、典型配置、公园及公共场所的布局等（Jabareen，2006）。

城市形态的问题对于实现城市层面的可持续性以及应对风险至关重

要。可持续性概念的出现已经为讨论城市形态注入了活力（Jabareen，2004，2006）。毫无疑问，风险城市的形态应该重新概念化，不仅可以看作可持续性的概念，而且可以看作风险、减缓与适应的概念。当代城市自身的形态被看作环境问题的来源（Alberti，2003；Beatley and Manning，1997；EPA，2001；Haughton，1999：69；Hildebrand，1999：16；Jabareen，2006；Newman and Kenworthy，1989）。美国环境保护署（EPA）在《我们的建筑与自然环境》（EPA，2001）一文中总结：通过土地消费、栖息地破碎化及用非渗透表面替代自然覆盖，城市形态直接影响着栖息地、生态系统、濒危物种及水质。此外，城市形态影响旅游行为，进而影响空气质量，还会导致过早地丧失耕地、湿地及开放空间，土壤污染，气候变化以及噪声污染（Cervero，1998：43-48）。

自从工业革命兴起，城市、城市的生产活动及其运输模式一直是气候变化及全球环境危机的根源。大都市圈、城市、城镇、村庄、社区及房屋的空间类型对当地的可持续发展与全球气候变化也有相当大的影响。城市形态具有强大的环境影响力，影响能源、土地的消费，影响旅游行为，影响温室气体排放，导致水土污染。因此，迫切需要改变的不仅包括我们的生产和消费行为，而且包括我们的城市形态及人类所有栖息地的设计。最终，人类栖息地的形态反映了我们生产与消费模式的许多方面，对于改善环境条件、提高安全与安保都非常重要。在其他方面，笔者已经提出了一种评估城市形态可持续性的理论模型（Jabareen，2006）。

关于适应-减缓难题悬而未决的一个重要问题是：什么是风险城市最理想的城市形态？例如，为了达到降低风险与节约能源的目的，最佳的密度和紧凑度是什么？城市的物质形态影响人类的栖息地与生态系统，影响居民的日常活动与空间实践，最终会影响气候变化。这一组成部分描绘了城市及其组成部分的空间规划、建筑、设计及城市的生态环保所需要的形态。在此基础上，笔者提出按照以下三个概念评估与构建风险城市的城市形态：

1.多重责任——在安全及保护居民免受灾害与威胁的背景下，城市形态利用其功能在风险城市中发挥着重要作用。因此，应该以增强安全感与促进信任为方向，而不是简单的"新城市主义"与"新传统主义"所倡导的社区感情。

2.适应性——城市形态不应固定或停滞不前，而应具有灵活性并有适应不确定性的能力。由于迄今为止人们并没有认真细致地考虑如社会、空间、城市形态、经济及文化等相互作用的因素，因此理解人类与自然系统的脆弱性、暴露性及反应能力正面临着挑战（IPCC，2014）。这里，适应性的概念是指调整目前的城市形态去适应预期的城市空间与不确定的危害。适应意味着"控制不确定性——要么现在采取行动来确保未来安全，要么准备采取什么样的行动预防事件的发生"（Abbott，2005：237）。从这个意义上来讲，责任与城市形态的适应性对于城市来说是至关重要的。毫无疑问，气候变化带来的风险及其产生的不确定性对我们对城市形态的传统看法提出了挑战。因此，适应性规划应该以不确定性为导向，而不是基于传统的规划方法。从这个角度来看，应对气候变化的一个基本要求是包含适应性政策的不确定性管理。为了有效应对气候变化给当代城市带来的新挑战，规划者必须更主动地去适应空间层次与形态水平。我们最终希望形态的调整可增强弹性，并且规划过程中的焦点是减少预计的气候变化影响的脆弱性（Adger et al.，2007：720）。

3.可持续性——这个概念代表了已有城市形态的减缓措施与功能，不包括诸如创建社区意识等方面的社会维度。为了理解城市形态的不同特点对一般风险实践及特别的减缓政策的影响，笔者提出了以下九个规划类型，或者评估标准：

（a）紧凑是指城市邻近及连通性，并认为未来的城市应与现有的城市相邻（Wheeler，2002）。紧凑型城市空间可以把运送能源、材料、产品与人类的需要最小化（Elkin et al.，1991）。集约化，作为实现紧凑型城市的一种主要策略，通过增加开发密度与活动更有效地使用城市土地，包括开发以前未开发的城市土地，现有建筑及以前开发地点的再开发、细分和转换以及补充与扩展（Jenks，2000：243）。

（b）可持续交通表明规划应该促进发展可持续的交通模式，即主要采用减少交通需求、缩短行程、鼓励使用非机动出行（如步行和骑自行车）

等方式，使用安全的、公平准入的、可再生的能源（Cervero，1998；Clercq and Bertolini，2003）。

（c）密度是居民或住宅单位占土地面积的比例。密度通过不同的能源消费、材料及地面住房、交通与城市基础设施影响气候的变化。高密度规划可以节省大量的能源（Carl，2000；Walker and Rees，1997；Newman and Kenworthy，1989）。

（d）混合土地使用是指功能性土地使用的多样性，如住宅、商业、工业、公共机构与交通。为了减少活动之间的距离，它允许规划者找到用途接近的土地。这样就可以确保工作、购物和休闲场所都位于附近，鼓励步行与骑自行车，并减少汽车出行的需要（Parker，1994；Alberti，2000；Van and Senior，2000；Thorne and Filmer-Sankey，2003）。

（e）多样性是"一种多维现象"，可以促进其他理想的城市特性的实现，如各种各样的住房类型、建筑密度、家庭规模、年龄、文化及收入等（Turner and Murray，2001：320）。多样性对城市来说至关重要，因为如果没有它，城市系统就会退化为一个居住的地方（Jacobs，1961），同时建筑形态的同质性通常会形成无吸引力的、单调的城市景观，进而造成隔离增加、车辆出行增多、交通拥堵及空气污染（Wheeler，2002）。

（f）被动式太阳能设计旨在通过定位、布局、景观美化、建筑设计、城市材料、表面修饰、植被及水体规划与设计等措施，减少能源需求并促进能源的最佳使用。这有助于优化利用小气候条件及捕获的太阳能，并减少建筑物使用传统能源进行加热与制冷的需求（Owens，1992；Thomas，2003；Yannis，1998：43）。

（g）绿化或者将"自然融入城市"对城市环境的许多方面做出了积极贡献，包括生物多样性、生活的城市环境、城市气候、经济吸引力、社区自豪感以及医疗与教育（Beatley，2000；Swanwick et al.，2003；Forman，2002；Dumreicher et al.，2000；Beer et al.，2003；Ulrich，1999）。

（h）更新与利用是指恢复许多不再适合其最初用途地点的过程，如棕色地带。清除、重新区划及开发污染地是振兴城市与社区、促进其可持续发展与实现更健康的城市环境的关键方面。

（i）规划规模不仅影响气候变化，而且受气候变化的影响。因此，应该考虑理想的规划规模，并将其纳入关于区域、市政、地区、邻里、街道、场所及建设标准的规划中。规划从宏观层面到微观层面对气候变化产生了更全面与积极的影响。

在城市形态与规划概念之间存在一些关键矛盾与冲突，一方面是可持续发展与减缓之间的冲突，另一方面是适应措施。Hamin 与 Gurran（2009：293）有说服力地主张，"尽管 IPCC 明确承认需要确保适应行动不破坏减缓的尝试，更不用说更广泛的可持续发展目标了（IPCC，2007），但是出人意料的是，很少出现有关冲突类型的研究"。笔者提出了风险城市的城市形态框架，该框架包含了一种我们应该意识到并相应处理的冲突：一方面，可持续发展与减缓措施使人想起简洁、更密集与紧凑的城市空间、公共交通运输与时间–空间–能源的节省；另一方面，当威胁或一个极端事件发生时，紧凑与密集的城市空间可能更危险。

什么是适合于可持续发展与减缓措施并在极端情况下保证适应与安全的最优密度与渴望的紧凑度？笔者认为，我们可以从研究纽约市的案例入手，纽约市经历了超级风暴"桑迪"和"艾琳"的极端体验，并通过考虑这两种风暴期间哪一种影响居民的行为与疏散，以及高密度区、中密度区与低密度区的弹性。

Hamin 与 Gurran（2009：241）认为，适应的关键要素是许多行动需要留下更多的土地作为开放空间和不太密集的建筑环境。此外，增加（或不拆除）空间及利用绿色植物是预防或治理城市热岛效应的重要一步（Stone，2008）。高度适中的建筑物和保持不同住宅间空气流通的建筑物能够适应较高的温度，但往往会降低密度。虽然从低密度蔓延式发展中获益不大，但是在适应性环境下，穿城而过的中等密度的绿色基础设施运行带似乎是最有效的城市形态（Hamin and Gurran，2009：241）。

3.3.4 综合城市治理

为了在城市层面应对气候变化的复杂风险与影响，风险城市需要良好的综合治理。为了做好风险城市治理，我们假设需要通过增加知识、提供资源、建立新的机构、加强善政和增加地方自治来扩大和改善地方能力

（Allman，2004；Bai，2007；Corfee-Morlot，2009；Harriet，2010；Holgate，2007；Lankao，2007；Bulkeley，2009；Kern，2008：56）。

应对气候变化的城市政策是将全球环境治理问题纳入城市环境的关键因素（Betsill and Bulkeley，2007；Bulkeley and Newell，2010；Biermann and Pattberg，2008；Harriet，2010；Okereke et al.，2009）。所有国家的地方政府在减缓与适应气候变化的过程中都发挥着至关重要的作用（Satterthwaite，2008）。事实上，正如 Harriet（2010）所指出的："这些体制性障碍并不在政治真空中运转，而且往往是，气候变化的城市政治经济学在促成和制约有效行动中最为重要。"

由于所处的环境具有很大的不确定性，因此应对气候变化的城市政策与规划相对于传统的方法太过复杂且难以适应。为了提高从自然灾害的灾难性后果中恢复的能力，"硬件基础设施"的适应措施必须辅之以"软件基础设施"及其他弹性措施，如促进机构协调、公共交流以及快速决策的能力（Rodin and Rohaytn，2013：7）。这一背景对各级公共、私营、民间机构与组织之间的合作提出了新的挑战。将许多不同的利益相关者与代理者整合到规划过程中，对于实现气候变化的目标至关重要。"治理系统适应不确定及不可预测的条件的能力是一个新概念"（Mirfenderesk and Corkill，2009：152）。适应性管理需要新的超越传统规划方法的战略与程序，将不确定性整合到规划过程之中，并优先考虑不确定性环境下利益相关者的期望。规划还应该"足够灵活，能够快速适应迅速变化的环境"（Mirfenderesk and Corkill，2009）。

综合城市治理的概念评估了不确定性条件下城市规划与适应性管理的综合框架以及规划提出的合作范围。这样的治理方式是弹性的重要元素，这也可以理解为以"即使个别部分失败也能够发挥它们的功能"的方式，来看待"系统的多样性与冗余度，并重新改写它们之间的相互联系"（NYS2100 Commission，2013：7）。

3.3.5　生态经济学

这个概念评估了规划的生态经济学方面，包括为了实现应对气候变化的目标而实施的经济动力。这一理念是要创造机会，将气候变化规划、保护与开发方法整合到城市经济发展的决策与策略中去，对于这些要素，在涉及自然灾害和其他紧急情况的投资、保险和风险管理领域进行改革（NYS 2100，2013：10）。

生态经济学建立在这样的假设基础上，即环境友好型经济能在资本主义世界实现应对气候变化目标的过程中发挥决定性作用。致力于减缓气候变化与可持续发展的城市应该激活绿色产品与绿色服务的市场，促进环境友好型消费，通过创建清洁的环境促进城市经济发展（Hsu，2006：11）。按照这种理念，时任美国总统巴拉克·奥巴马（Barack Obama）提出了《美国复苏及再投资计划》，要求"在对能源与基础设施进行长期投资的同时创造就业"，并增加"替代能源的生产"（White House，2009）。

纽约州在飓风"桑迪"后发布的报告指出，"构建21世纪的弹性战略伴随着重要的经济机会。最近新构想的基础设施投资计划将根植于更智慧的重建，同时也创造明天的工作机会，包括绿色的工作机会"（NYS 2100，2013：7）。欧盟委员会（EC，2010：9）认为，"精心设计的气候政策，包括足够高且可预测的碳价格，可能有助于促进技术变革、绿色活动及绿色增长的创新"。《美国复苏与再投资法案》估计总费用达7 870亿美元，分配给清洁能源的投资额约680亿美元，包括智能电网、建筑能效、地方和国家可再生能源、能源效率工作以及储能研发，还有碳捕获和存储（CCS）方面的重大投资。经济顾问委员会估计，清洁能源的投资到2012年底将创造超过700 000个就业机会（总统执行办公室，2010）。此外，欧盟委员会最近的一项研究（2010）显示，2007年全球绿色技术市场容量达14 000亿欧元，能源效率及环境友好型能源到2020年将达到16 450亿欧元（Federal Ministry for the Environment et al.，2009）。此外，联合国环境规划署（UNEP/NEF，2009）指出，2002年到2008年间，全球每年对可再生能源和能源效率的公共和私人投资从71亿美元增加到1 189亿美元（UNEP，2005）。

3.3.6　适应

毫无疑问，当风险城市真正发生风险时，其需要适应实践来应对实际发生的损害，并且应对气候变化的至关重要的因素必须是不确定性管理，包括适应气候变化的政策。在气候变化的背景下，适应被定义为一种"限制损害的行为调整或利用气候变化引起的有利机会"（CCC，2010：60）。似乎大多数城市与国家正在利用减缓政策，通过减少温室气体排放来解决导致气候变化的人为因素，但也没有实施适应性政策。根据CCC（2010），"即使采用有力的国际减缓行动，过去与现在的排放仍意味着气候将继续变化"。因此，适应与减缓不是替代选择，而是针对问题的两种互补方法，两者都是必要的。

一般认为，适应包括以下三个主要部分：

3.3.6.1　不确定性

不确定性可定义为"个人或团体认识到的知识缺乏，这与其目的或所发生的行为及其结果有关"（Abbott，2009：503）。今天我们比以往任何时候更需要承认，环境的不确定性对我们的城市及社区提出了新的挑战，并且挑战着我们一直采用的思考城市管理与规划的方式。由于脆弱性评估常常忽视未来风险的非气候性驱动因素（Storch and Downes，2011）及不确定性，因此尽可能广泛地描绘出可能影响我们城市的不确定性情景是非常重要的。在当代城市的背景下，应努力增强人们需要政策的意识，这些政策最终可能增强抗灾能力，减少对预期气候变化影响的脆弱性（Adger et al.，2001；Vellinga et al.，2009），不确定性对城市脆弱性具有关键影响，并且需要评估难以预测的环境风险和危害，但必须考虑城市规划与风险管理。

气候变化带来的城市不确定性挑战了规划的概念、程序及范围。要应对挑战，规划者必须提高认识，并寄希望于减缓与适应政策，或实际调整，以最终提高应变能力，降低脆弱性（Adger，2007：720）。

3.3.6.2　措施

规划者也必须提高认识，更好地了解气候变化给基础设施、家庭和社区带来的风险。为了应对这些风险，规划者有权处理两种类型的不确定性或适应性管理：

（1）事前管理，或者采取行动来减少和/或预防风险事件；

（2）事后管理，或者采取行动来减少风险事件发生后的损失（Heltberg et al.，2009）。

当我们采取适应措施时，我们承认气候将继续变化，因此我们必须采取措施来降低风险（Priemus and Rietveld，2009）。从这个角度来看，适应气候变化绝对是必要的（Vellinga，2009）。

欧洲经济共同体委员会（CEC）（2009）指出：“即使人类成功地限制并减少了温室气体排放，我们的地球还是需要一段时间才能恢复过来。因此，我们至少在未来50年都要面临气候变化的影响，我们需要采取措施去适应。”CEC（2009）对于已经实施的“零碎”的适应政策感到遗憾并得出结论：“为了确保不同行业治理水平的一致性，需要更多的战略来保证采取及时有效的适应措施。”

3.3.6.3　城市脆弱性矩阵

这一部分对于富有弹性的城市具有重要意义，并对空间与社会经济蓝图的未来风险与脆弱性做出了贡献。分析矩阵的目的是分析与识别城市环境风险、自然灾害以及未来不确定性的类型、人口、强度、范围与空间分布。此外，这一概念旨在解决危险、风险及不确定性如何影响各种城市社区与城市团体。

城市脆弱性矩阵是由以下三个部分组成的，它们共同确定其范围、环境、社会、空间性质。

人口统计学的脆弱性　该组成部分评估与考察了城市脆弱性的人口和社会经济方面。它假定社会中的个人与团体比其他人更脆弱并缺乏适应气候变化的能力（Schneider，2007：719）。人口、健康以及社会经济的变量，通过在自然灾害事件中影响风险减缓、响应与恢复，来影响个人与城市社区应对环境风险及未来不确定性的能力（Blaikie，1994；Ojerio et al.，2010）。个人和社区的脆弱性是由许多不同因素形成的，其中最重要的因素包括收入、教育和语言技能、性别、年龄、生理和心理能力、资源与政治权力的可得性及社会资本（Cutter，2003；Morrow，1999；Ojerio et al.，2010；联合国妇女发展部门，2001）。因此，社会经济脆弱的社区更容易受到如财产损失、人身伤害及心理痛苦等负面影响的侵害（Ojerio et al.，2010；Fothergill and Peek，2004）。

非正式　这部分评估了非正式城市空间的规模及社会、经济与环境条件。非正式空间无规划、混乱且无序（Roy，2010），城市内非正式空间的规模与人类状况，被认为对脆弱性具有重大影响。根据联合国人居署的观点（UN-HABITAT，2014），发展中城市大量的城市扩张发生在建筑规范、土地使用法规及土地交易的官方与法律框架之外。迅速恢复的能力要求把贫穷且易受伤害的社区和非正式场所纳入整个城市和大城市地区。由于非正式空间中人们的收入低并且缺乏基础设施与服务，因此非正式空间比其他地方更脆弱。此外，当代城市由于人口众多，因此更容易受到各种风险的影响，并且有可能催生新的风险，如城市环境恶化，以及非正规居住区扩大。这些方面使许多城市居民更容易遭受自然灾害与风险（UNIS-DR，2010）。

脆弱性的空间分布　这部分评估了城市的风险、不确定性、脆弱性及脆弱社区的空间分布。环境风险与危险在地理上并不总是均匀分布的，并且一些社区可能比其他社区更容易受到影响。例如，靠近海岸的社区可能比其他社区更容易受到海啸的影响。测量风险与危害的空间分布，对于现在与未来的规划和管理至关重要。

3.4　结论：应对气候变化的规划框架

本章已经把风险城市的实践理论化，并提出了应对气候变化的规划（PCCC），作为我们当代城市应对气候变化风险最佳方式的理论框架。正如我们所见，PCCC具有许多重要特征：

（1）PCCC在方法、数据分析、展望和程序上有别于传统规划方法；否则，它无法有效承担数百万人的生命责任。

（2）PCCC的规划实践有助于了解了风险与信任的概念。

（3）PCCC承认并解决了在城市层面应对气候变化的复杂性。城市是复杂的社会-空间与环境现象，因此捕捉其复杂性需要多学科的方法。

（4）就其核心，PCCC不仅建立在人口统计学、经济学和空间分析的基础上，而且建立在风险和不确定性分析的基础上。有关气候变化影响的知识已经成为空间规划的关键资源。PCCC确定了容易遭受极端天气事件、风暴潮、海平面上升、气温变化、地震等攻击的人类空间、位置和资产。

（5）除了分析城市和社区层面现有的适应措施外，PCCC还建立了城市脆弱性矩阵，该矩阵更易于理解风险与不确定性的社会–空间分布。因此，它是为了解决特定的社区和社会群体层次上的威胁。

（6）公众参与和分享对PCCC具有重要意义，利用GIS及其他工具来支持分析、可视化、公众参与及决策。

（7）PCCC创造机遇，把规划、保护和开发方法整合到经济发展决策及战略中去。

（8）不像传统的规划方法，PCCC包含了适应措施。换句话说，它是基于规划也必须从城市防卫或城市保护的角度思考的前提，因此它考虑了国家关键基础设施的状态，并通过自然基础设施项目及沿海生态系统恢复创建额外的风暴防御线等新措施来提供保护。PCCC也侧重于保护关键系统，如防止运输系统与隧道受到洪水的破坏等。依据PCCC的要求，未来的风险与不确定性有助于空间规划，随后，对于新的发展和增长模式的位置要避免脆弱性高的区域。PCCC旨在确保万一发生极端事件，存在可以替代的功能路线与基础设施。

（9）不像传统的规划方法，PCCC把能源作为规划城市与社区的指导概念。

（10）PCCC是在对风险和不确定性进行数据分析的基础上，使用不同于传统的方法来规划土地使用。

（11）PCCC为解决不确定性提供了一种动态、灵活的概念框架与方法论，它能够适应可能以动态方式影响城市的新兴风险，并将这些风险整合到一个应对气候变化的框架中。

（12）PCCC将远景规划的开发能力作为其过程与结果的组成部分。这种远景规划有助于探索在哪建、建什么以及如何在最大风险的区域内加固社区等方面的政策选择。

（13）PCCC涉及规划中的居民与社区，从愿景到远景规划的目的是使人了解并指导决策，这些决策是"关于长期重建工作、未来的投资规划，以及我们所依靠的'软性'解决方案或强化和升级我们的基础设施的水平"（NYS 2100，2013：12）。

（14）PCCC 提出了系统、严谨的方法，以比较不同城市应对气候变化的方式。

（15）由于具有"容易掌握"的特点，因此 PCCC 有可能在气候变化问题的舞台上促进专家学者、决策者及公众对城市当前与未来的方向总体上有一个更清晰的认识。它提出的多层面的概念框架可以帮助我们确定需要做些什么才能提高我们城市的弹性，从而使我们能够更有效地工作，确保城市更安全。

参考文献

Abbott, J. (2005). Understanding and managing the unknown: The nature of uncertainty in planning. Journal of Planning Education and Research, 24(2), 237–251.

Abbott, J. (2009). Planning for complex metropolitan regions: A better future or a more certain one? Journal of Planning Education and Research, 28, 503–517.

Adger, W. N. (2001). Scales of governance and environmental justice for adaptation and mitigation of climate change. Journal of International Development, 13(7), 921–931.

Adger, W. N., Paavola, J., Huq, S., & Mace, M. J. (2006). Fairness in adaptation to climate change. Cambridge, MA: MIT Press.

Adger, W. N., Eakin, H., & Winkels, A. (2007). Nested and networked vulnerabilities in South East Asia. In L. Lebel et al. (Eds.), Global environmental change and the south-east Asian region: An assessment of the state of the science. Washington, D.C.: Island Press.

Agyeman, J., Bullard, R. D., & Evans, B. (2002). Exploring the nexus: Bringing together sustainability, environmental justice and equity. Space and Polity, 6(1), 77–90.

Alberti, M. (2000). Urban form and ecosystem dynamics: Empirical evidence and practical implications. In K. Williams, E. Burton, & M. Jenks (Eds.), Achieving sustainable urban form (pp. 84–96). London: E & FN Spon.

Allman, L., Fleming, P., & Wallace, A. (2004). The progress of english and welsh local authorities in addressing climate change. Local Environment, 9, 271–283.

Alberti, M., Marzluff, J., Shulenberger, E., Bradley, G., Ryan, C., & Zumbrunnen, C. (2003). Integrating humans into ecology: Opportunities and challenges for urban ecology. BioScience 53(12), 1169.

Amin, A., & Thrift, N. (2002). Cities: Reimagining the urban. Cambridge: Polity Press.

Bai, X. (2007). Integrating global environmental concerns into urban management: The scale and readiness arguments. Journal of Industrial Ecology, 11, 15–29.

Beatley, T. (2000). Green urbanism: Learning from European cities. Washington, D.C.: Island Press.

Beatley, Timothy, & Kristy, Manning. (1997). Ecology of place: Planning for environment, economy, and community. Washington, D.C.: Island Press.

Beauregard, R., & Bounds, A. (2000). Urban citizenship. In E. F. Isin (Ed.), Democracy, citizenship and the global city (pp. 243–256). New York: Routledge.

Beer, A., Delshammar, T., & Schildwacht, P. (2003). A changing understanding of the role of greenspace in high-density housing: A European perspective. Built Environment, 29(2), 132–143.

Benford, R. D., & Snow, D. A. (2000). Framing processes and social movements: An overview and assessment. Annual Review of Sociology, 26, 611–639.

Betsill, M. M., & Bulkeley, H. (2007). Looking back and thinking ahead: A decade of cities and climate change research. Local Environment, 12, 447–456.

Bettencourt, L., & West, G. (2010) A unified theory of urban living. Nature, 467(7318), 912–913.

Biermann, F., & Pattberg, P. (2008). Global environmental governance: taking stock, moving forward. Annual Review of Environment and Resources, 33, 277-294.

Blaikie, P., Cannon, T., Davis, I., & Wisner, B. (1994). At risk: Natural hazards, people's vulnerability, and disasters. London: Routledge.

Bonta, M., & Protevi, J. (2004). Deleuze and geophilosophy: A guide and glossary. Edinburgh: Edinburgh University Press.

Bosher, L. S. (2008). Hazards and the built environment: Attaining built-in resilience. London: Taylor & Francis.

Boyce, J. K., Klemer, A. R., Templet, P. H., & Willis, C. E. (1999). Power distribution, the environment, and public health: A state-level analysis. Ecological Economics, 29(1), 127-140.

Brenner, N., Marcuse, P., & Mayer, M. (Eds.). (2012). Cities for people, not for profit: critical urban theory and the right to the city. New York: Routledge.

Brodie, J. (2000). Imagining democratic urban citizenship. In E. Isin (Ed.), Democracy, citizenship and the global city (pp. 110-128). New York: Routledge.

Bruce, J. P., Lee, H., & Haites, E. F. (Eds.). (1996). Climate change 1995: Economic and social dimensions of climate change: Contribution of working group III to the second assessment report of the intergovernmental panel on climate change. Cambridge: Cambridge University Press.

Bulkeley, H., & Newell, P. (2010). Governing climate change. London: Routledge.

Bulkeley, H., Schroeder, H., Janda, K., Zhao, J., Armstrong, A., Chu, S. Y., & Ghosh, S. (2009). Cities and climate change: The role of institutions, governance and urban planning. Paper presented at the World Bank 5th Urban Symposium on Climate Change, June, Marseille.

Carl, P. (2000). Urban density and block metabolism. In K. Steemers & S. Yannas (Eds.), Proceedings of PLEA 2000 Architecture, City, Environment (pp. 343-347). London: James & James.

CCC—Committee on Climate Change Adaptation. (2010). How Well Prepared is the UK for Climate Change? www.theccc.org.uk.

CEC—The Commission of the European Communities. (2009). White paper: Adapting to climate change: Towards a European framework for action. Brussels.

Cervero, R. (1998). The transit metropolis: A global inquiry. Washington, D.C.: Island Press.

Church, J. A., Woodworth, P. L., Aarup, T., & Wilson, W. S. (2010). Understanding sea-level rise and variability. New York: Wiley.

Clercq, F., & Bertolini, L. (2003). Achieving sustainable accessibility: An evaluation of policy measures in the Amsterdam area. Built Environment, 29(1), 36-47.

Coaffee, J., & Bosher, L. (2008). Integrating counter-terrorist resilience into sustainability. Proceeding of the Institute of Civil Engineering: Urban Design and Planning, 161(DP2), 75-84.

Corfee-Morlot, J., Kamal-Chaoui, L., Donovan, M. G., Cochran, I., Robert, A., & Teasdale, P. J. (2009). Cities, climate change and multilevel governance. OECD Environmental Working Papers 14:2009,OECD publishing.

Cutter,S. L.,Boruff,B. J.,& Shirley,W. L.(2003). Social vulnerability to environmental hazards. Social Science Quarterly,84(2),242-261.

Dainty,A. R. J.,& Bosher,L. S.(2008). Afterword:Integrating resilience into construction practice. In L. S. Bosher(Ed.),Hazards and the built environment:Attaining built-in resilience. London:Taylor & Francis.

Davies,M.,Guenther,B.,Leavy,J.,Mitchell,T.,& Tanner,T.(2008). Climate change adaptation,disaster risk reduction and social protection:Complementary Roles in agriculture and rural growth? Institute of Development Studies Centre for Social Protection and Climate Change and Disasters Group. IDS:Institute of Developing Studies. http://www.climategovernance.org/docs/SP-CC-DRR_idsDFID_08final.pdf.

de Geus,M.(1999). Ecological Utopias:Envisioning the sustainable society. International Books.

Deleuze,G.,& Guattari,F.(1991). What is philosophy? . New York:Columbia University Press.

Dumreicher,H.,Levine,R. S.,& Yanarella,Ernest J.(2000). The appropriate scale for "low energy":Theory and practice at the Westbahnhof. In K. Steemers & S. Yannas(Eds.),Proceedings of PLEA Architecture,City,Environment 2000(pp. 359-363). London:James & James.

EC-The European Commission.(2010). Commission staff working document. Brussels,26.5.2010. http://ec.europa.eu/environment/climat/pdf/26-05-2010working_doc.pdf.

Elden S.(2004). Understanding Henri Lefebvre:Theory and the Possible. New York:Continuum.

Elkin,T.,McLauren,D.,& Hillman,M.(1991). Reviving the city:Towards sustainable urban development,policy studies. London:Institute/Friends of the Earth.

EPA-United States Environmental Protection Agency.(2001). Our built and natural environments:A technical review of the interactions between land use,transportation,and environmental quality. EPA 231-R-01-002. Online http://www.smartgrowth.org/.

Executive Office of the President,Council of Economic Advisers(2010). The Economic Impact of the American Recovery and Reinvestment Act of 2009, Second Quarterly Report. January 13,2010.http://www.whitehouse.gov/the-press-office/economic-impact-american-recovery-andreinvestment-act-2009-second-quarterly-report.

Fainstein,S.(2009). Planning and the just city. In P. Marcuse,J. Connolly,J. Novy,I. Olivo,C. Potter,& J. Steil(Eds.),Searching for the just city:Debate in urban theory and practice (pp. 19-39). New York:Routledge.

FME—Federal Ministry for the Environment,Nature Conservation and Nuclear Safety. (2009). GreenTech made in Germany 2.0. http://www.bmu.de/files/pdfs/allgemein/application/pdf/greentech2009_en.pdf.

Forman,R. T.(2002). The missing catalyst:Design and planning with ecology. In B. T.

Johnson & K. Hill(Eds.), Ecology and design: Frameworks for learning. Washington, DC: Island Press.

Fothergill, A., & Peek, L.(2004). Poverty and disasters in the United States: A review of recent sociological findings. Natural Hazards, 32(1), 89-110.

Friedmann, J.(2002). The prospect of cities. Minneapolis, MN: University of Minnesota Press.

Geldrop, J., & Withagen, C.(2000). Natural capital and sustainability. Ecological Economics, 32(3), 445-455.

Godschalk, D. R.(2003). Urban hazards mitigation: Creating resilient cities. Natural HazardsReview, 4(3), 136-143.

Groisman, P. Y., Knight, R. W., & Zolina, O. G.(2013). Recent trends in regional and global intense precipitation patterns. In R. A. Pielke Sr.(Ed.), Climate vulnerability (pp. 25-55). Massachusetts: Academic Press.

Hamin, E. M., & Gurran, N.(2009). Urban form and climate change: Balancing adaptation and mitigation in the U.S. and Australia. Habitat International, 33(3), 238-246.

Handy, S.(1996). Methodologies for exploring the link between urban form and travel behavior. Transportation Research: Transport and Environment: D, 2(2), 151-165.

Harriet, B.(2010). Cities and the governing of climate change. Annual Review of Environment and Resources, 35, 2.1-2.25.

Harvey, D.(2000). Space of Hope. Edinburgh: Edinburgh University Press.

Harvey, D., & Potter, C.(2009). The right to the just city. In P. Marcuse, J. Connolly, J. Novy, I. Olivo, C. Potter, & J. Steil(Eds.), Searching for the just city: Debate in urban theory and practice(pp. 40-51). New York: Routledge.

Haughton, Graham.(1999). Environmental justice and the sustainable city. In D. Satterthwaite (Ed.), Sustainable cities. London: Earthscan.

Heltberg, R., Siegel, P. B., & Jorgensen, S. L.(2009). Addressing human vulnerability to climate change: Toward a 'no-regrets' approach. Global Environmental Change, 19(2009), 89-99.

Hildebrand, F.(1999). Designing the city: Towards a more sustainable urban form. London: E & FN Spon.

Holgate, C.(2007). Factors and actors in climate change mitigation: A tale of two South African cities. Local Environment, 12, 471-484.

Horton, R., G. Yohe, W. Easterling, R. Kates, M. Ruth, E. Sussman, A. Whelchel, D. Wolfe, & Lipschultz, F.(2014). Ch. 16: Northeast. Climate change impacts in the United States: The third national climate assessment. In J. M. Melillo, T. C. Richmond, & G. W. Yohe(Eds.), U.S. Global Change Research Program (pp. 371-395). doi: 10.7930/J0SF2T3P.

Hsu, D.(2006). Sustainable New York city. New York City: Design trust for public space and the New York city office of environmental coordination. New York City: New York City Office of Environmental Coordination.

IPCC—Intergovernmental Panel on Climate Change.(2007). Climate change 2007: Fourth assessment report of the intergovernmental panel on climate change.

Cambridge,MA:Cambridge University Press.

IPCC—Intergovernmental Panel on Climate Change.(2014). Climate change 2014:Impacts, adaptation, and vulnerability. http://ipccwg2. gov / AR5 / images / uploads / IPCC_WG2AR5_ SPM_Approved.pdf.

Jabareen,Y.(2004). A knowledge map for describing variegated and conflict domains of sustainable development. Journal of Environmental Planning and Management,47(4),632-642.

Jabareen, Y. (2006). Sustainable urban forms: Their typologies, models, and concepts. Journal of Planning Education and Research,26(1),38-52.

Jabareen, Y.(2009). Building conceptual framework: Philosophy, definitions and procedure. International Journal of Qualitative Methods,8(4),49-62.

Jacobs, J.(1961). The death and life of great American cities. New York: Random House.

Jenks,M.(2000). The acceptability of urban intensification. In K. Williams, E. Burton, & M. Jenks(Eds.),Achieving sustainable urban form. London:E & FN Spon.

Kasperson, R. E., & Kasperson, J. X.(2001). Climate change, vulnerability and social justice. Stockholm:Stockholm Environment Institute.

Kern, K., & Alber, G.(2008). Governing climate change in cities: modes of urban climate governance in multi-level systems. In OECD Conference Proceedings of Competitive Cities and Climate Change(pp. 171-196). Paris, Milan, Italy: OECD. October 9-10,2008. http://www.oecd.org/dataoecd/54/63/42545036.pdf.

Kunkel, K. E., Stevens, L. E., Stevens, S. E., Sun, L., Janssen, E., Wuebbles, D., Rennells, J., DeGaetano, A., Dobson, J. G.(2013). Regional climate trends and scenarios for the U.S. national Climate assessment:Part 1.

Lozano, E. E.(1990). Community design and the culture of cities: The crossroad and the wall. Cambridge:Cambridge University Press.

Lynch,Kevin.(1981). A theory of good city form. Cambridge:The MIT Press.

Marcuse, P.(2009). From justice planning to commons planning. In P. Marcuse, J. Connolly, J. Novy, I. Olivo, C. Potter, & J. Steil(Eds.), Searching for the just city: Debate in urban theory and practice(pp. 91-102). New York:Routledge.

Marcuse, P.(2012). Whose right(s), to what city? In N. Brenner, P. Marcuse, & M. Mayer(Eds.), Cities for people, not for profit: Critical urban theory and the right to the city(pp. 24-41).New York:Routledge.

Mirfenderesk, H., & Corkill, D.(2009). Sustainable management of risks associated with climate change. International Journal of Climate Change Strategies and Management,1(2),146-159.

Mohai, P., Pellow, D., & Roberts, J. T.(2009). Environmental justice. Annual Review of Environment and Resources,34,405-430.

Morrow, B. H.(1999). Identifying and mapping community vulnerability. Disasters,23 (1),1-18.

Neumayer, E.(2001). Do countries fail to raise environmental standards? An evaluation of policy options addressing regulatory chill. International Journal of Sustainable Development, Inderscience Enterprises Ltd, 4(3), 231-244.

Newman, P., & Kenworthy, J. (1989). Gasoline consumption and cities: A comparison of US cities with a global survey. Journal of the American Planning Association, 55, 23-37.

NYC-The City of New York, Mayor Michael R. Bloomberg. (2009). PlaNYC: Progress Report 2009.

NYS. (2013). NYS2100 commission: Recommendations to improve the strength and resilience of the empire state's infrastructure.

O'Brien, K., Leichenko, R., Kelkar, U., Venema, H., Aandahl, G., Tompkins, H., et al. (2004). Mapping vulnerability to multiple stressors: Climate change and globalization in India. Global Environmental Change, 14, 303-313.

Ojerio, R., Moseley, C., Lynn, K., & Bania, N. (2010). Limited involvement of socially vulnerable populations in federal programs to mitigate wildfire risk in Arizona. Natural Hazards Review, 12(1), 28-36.

Okereke, C., Bulkeley, H., & Schroeder, H. (2009). Conceptualizing climate governance beyond the international regime. Global Environmental Politics, 9, 58-78.

Owens, S. (1992). Energy, environmental sustainability and land-use planning. In B. Michael (Ed.), Sustainable development and urban form (pp. 79-105). London: Pion.

［第4章］
评估方法：应对气候变化的规划实践①

4.1 引言

气候变化可能影响到任何城市的社会、经济、生态与实体系统。重要的是，气候变化对城市系统的影响不仅取决于排放水平，而且取决于这些系统易于受到气候变化的内在脆弱程度。遍及城市、社会与经济的未来发展与结构的巨大的不确定性表明，评估气候变化的影响是复杂的（Hallegatte et al.，2011）。

因此，气候变化及其产生的不确定性挑战规划评价方法的传统途径，引发了重新考虑与修改现有方法的需要。不足为奇的是，各级政府正在努力寻找评估框架，以帮助他们评估其适应与减缓政策（如 CCC，2010）。事实上，规划文献评述表明有关气候变化导向政策的评估方法存在严重不足。因此，本章旨在填补这一紧迫的方法论上的空缺，并提出一种评估城市规划与规划政策的新的多层面的概念框架，目的是应对城市和社区的气候变化。

在城市背景下，当谈到评估城市规划、公共政策的影响以及防范城市

① ©Springer Science＋Business Media Dordrecht 2015 Y. Jabareen, The Risk City, Lecture Notes in Energy 29 DOI 10.1007/978－94－017－9768－9_4

应对气候变化所带来的风险时，有必要修改现有的传统评价方法。做出这样的修改并探索新的评估方法有四个主要原因：

第一，气候变化的多学科性质及其对城市及其居民的不同影响需要一个多学科的框架。规划文献评述显示，尽管当前的研究提供了评估有关可持续发展与气候变化相关问题的大量标准，但是缺乏一种多层面的评价框架去评估规划对气候变化减缓做出的具体贡献。从这个角度看，一种更全面的评估框架对于努力应对气候变化将是至关重要的。

第二，修订现有规划评估方法的主要原因是气候变化现象的不确定性与复杂性。Crabbě 与 Leroy（2008：xi-xii）富有见识地认为，现有的标准评估方法"考虑到环境领域的复杂性，可能并不适用于环境决策"。而且，Mermet 等人（2010）得出结论：近年来环境政策变得越来越复杂与模棱两可，迫切需要新的评估方法。

第三，大范围的可能受到气候变化影响并参与应对气候变化的人们、机构与组织提出，不是需要复杂的方法，而是需要简单并容易理解的评估框架，"言之有理"并且一般很容易提供给政策制定者、执行者、社区与公众。

第四，现有的环境与规划评估方法主要是应用一套评估标准或指标，通常表现为"可持续的指标"。这些指标经常被视为零星的，并不是来源于气候变化的理论基础或概念框架（Mermet et al.，2010）。本书认为，评估标准不是来自于缺乏管理评估方法所需要的理论与方法论的一致性的最终的统一理论。因此，在建立评估标准或指标并在此基础上提出评估概念之前，本书提出系统地阐述应对气候变化的理论基础或概念框架。换句话说，一种理论或概念框架的构建必须被理解为构建评价方法的必要前提。

为此，为理解政策与项目，本章提出了一种基于理论的评估方法，目的是应对气候变化的恶化并处理其不确定性与风险。在构建这一框架过程中，作者出于容易掌握评估方法的需要，一般允许规划者、从业人员、决策者和公众中感兴趣的成员去批判性地评估与他们有关的气候变化的紧迫问题。因为气候变化是一个多学科的话题，所提出的框架吸收了各种不同的知识体系。

本章其余部分的安排如下：第一部分综述了现有评估方法与总体气候
变化的研究，并且特别强调了规划学科领域的研究。第二部分为了评估应
对气候变化的规划政策，描述了构建新的概念框架的方法论。第三部分提
出了应对气候变化评估方法的研究结果。第四部分为规划者与学者总结的
一些结论。

4.2　规划评估方法与气候变化

评估是一种评估政策、规划与项目的多学科方法（Baycan and Ni-
jkamp，2005：64）。最终，评估的目的是理解政策、政策内容及有关组织
与制度环境（Diez，2001：41）。评估提出的见解和建议旨在提高政策设
计并形成新知识（Baycan and Nijkamp，2005；Diez，2005）。

随着社会方法与调查方法的发展，评估方法的认识论基础也随时间发
生了变化。Guba 与 Lincoln（1989：22-49）确定了四代评估方法。第一
代，他们称为测量的一代，这种方法今天仍然存在，评估者的角色是技术
与仪器。第二代，他们称为描述的一代，是一种目标导向的方法，描述了
所述目标模式的优点与缺点。第三代，他们称为判断的一代，旨在实现判
断价值，评估者被认为是法官的角色。第四代，他们称为响应性的建构主
义的一代，提供了一种选择性的建构主义范式，在这种范式中观点、关注
点及利益相关者的问题是组织的焦点。使用稍微不同的分类方法，Ve-
dung（2010）提出了评估扩散的四次浪潮：基于"公认的主观目标"的科
学浪潮、基于利益相关者之间讨论的对话导向型浪潮、市场导向驱动的新
自由主义浪潮，以及以证据为基础的浪潮，这意味着科学实验的复兴。

在城市规划领域，"评估"或"规划评估"是一个既定的研究领域，
其演化与规划理论和实践的变化密切相关（Khakee et al.，2008）。近年
来，规划方案、政策与项目的评估"已成为了解与支持决策的一种原则性
手段"（Miller and Patassani，2005：xv）。此外，这种影响评估方法演化的
趋势也已在规划领域中体现出来。理性规划与沟通规划等两种主要规划范
式提出了不同的评估方法。理性范式的评估方法是基于工具理性并关注资

源的有效使用，正如 Guba 与 Lincoln 的分类一样，属于第一代和第二代的评估方法。这些方法包括测量与目标实现模型（Khakee et al., 2008）。沟通规划评估对应于 Guba 与 Lincoln（1989）所描述的"第四代评估"。根据对沟通方法的评估，关注的不仅有效率与合法性，还有民主原则、诚信、相互理解和达成的共识（Khakee et al., 2008）。然而，总的来说，规划与政策评估方法有定量模拟测量并预测规划方案及政策的投入与产出效果的强烈趋势（Miller, 2008）。

最近环境问题的增加及可持续发展话语的兴起已经同时引发了学术界与政策制定者以及全体公民社会对环境政策评估日益增加的兴趣。近年来，各种理论流派与方法已经常用于政策评估，特别是在环境领域。在环境与规划领域使用的一些主要方法包括（Crabbě and Leroy, 2008；Khakee et al., 2008）：需求分析（Reviere, 1996），规划理论评估（Stame, 2004），环境影响评估、社会影响评估（Becker, 2003），成本–收益分析、成本效果分析、综合条件分析（Levent and Nijkamp, 2005），多标准分析、多目标决策（Alexander, 2001），目标自由评估、案例研究评估（Yin, 2003），可持续性指标的多模型系统（Lombardi and Curwell, 2005），分析与比较可持续发展政策的综合分析方法（Bizzaro and Nijkamp, 1998），社会影响分析（Lichfield, 2001）以及环境正义评估（Miller, 2008）。

由于气候变化具有复杂性与不确定性，因此通常会给城市规划与环境政策及理论特别是评价与评估方法带来新的并且经常是戏剧性的挑战。现有方法无法满足这些挑战，尤其是在城市政策的舞台上。在大多数情况下，现有的评估方法提出并应用一套评估标准，这并非源自于气候变化相关的理论基础（Mermet et al., 2010）。此外，规划方案、政策与项目的评估"已成为了解与支持决策的原则性手段"（Miller and Patassani, 2005：xv）。而且，我们的城市现象具有"定性性质"（Portugali, 2010），但是，环境与政策评估方法就有定量模拟测量并预测规划方案及政策的投入与产出效果的强烈趋势（Miller, 2008；Khakee et al., 2008）。

重要的是，本书认为评估标准不是来自于统一的理论，本质上缺乏管理评估方法所需要的理论与方法论的一致性。

此外，本书建议在建立评估标准或指标并在此基础上提出评估概念之前，应形成应对气候变化的系统性理论基础或概念框架。换句话说，一种理论或概念框架的构建必须被理解为构建评价方法的必要前提。为了理解政策与项目，本书提出了一种基于理论的评价方法，旨在应对气候变化的恶化并处理其不确定性和风险。

4.3　应对气候变化评估方法

如前所述，应对气候变化评估方法（CCCEM）是一种基于理论的方法。因此，在构建评估方法之前，应建立一种应对气候变化的概念性框架（CFCCC）。CFCCC被定义为一种网络或相互关联概念的平台，它们同时提供了全面理解同气候变化进行斗争并应对气候变化的现象及结果。CF-CCC由六个概念组成，它们共同为有效应对气候变化提供理论基础。这些概念通过气候变化文献的概念性分析来确定。前一章提出了这种概念框架。同时，这些概念构成了该方法的概念框架——每一个概念都代表着减缓与适应气候变化文献的鲜明主题。要重点强调的是，概念框架不是纯粹的单一概念的集合。而且，CFCCC是一个动态的框架，可以根据新的研究与见解，重新修订并更新我们的约定，如图4-1所示。

为了在城市层次上始终如一地评估应对气候变化框架的每个概念的作用与贡献，本章提出了以下程序：

● 每个概念都有一些组成部分（子概念）。每个概念都有若干组成部分，没有只有一个组成部分的概念。

● 每个组成部分都可以在一定规模上进行测量，范围从非常低的应对气候变化贡献到非常高的应对气候变化贡献。

● 一个组成部分可以是定性与定量衡量，这取决于其定义和数据的可得性。

● 总的来说，特定的概念对城市应对气候变化的贡献是其组成部分贡献的总和。

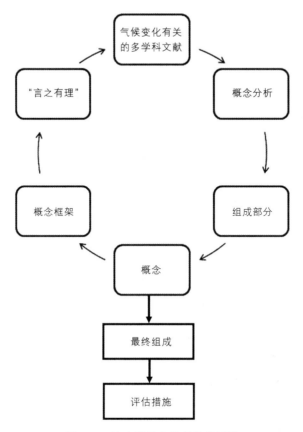

图4-1 构建评估方法的迭代过程

● 为了保持一致性，对规模与测量进行规范化和标准化。

评估程序涉及应用评估的每一个概念及规划所考虑的评估措施。例如，当使用公平概念时，我们问问规划是否解决环境正义的问题：是否有利于系统的公众参与以及是否满足不同社区面对气候变化的需要。

该方法具有动态、演化的特性。它是基于与大量的城市参与者（包括社区）及各种经济、社会、环境与市政单位的协作，而不是基于客户与评估者的要求及封闭的合作。它建立在一种查询范式及一种解释或解释学方法的基础之上（Guba and Lincoln，1989：11-13）。因为它是定性的，并没有使用复杂的模型，因此专业人员、政策制定者和公众都容易掌握。

该方法的形成建立在一些共享价值的基础上，这些共享价值支撑起应对气候变化（及随后的评估方法）的概念框架。这些价值观来自于本地与全球应对气候变化的著述，号召减少、减轻与消除任何导致气候变化恶化的人为因素，以及减轻气候变化对人类及其他生命形式的影响。这些基本的行动导向的价值观可以作为城市居民、社区与其他政治、社会及经济利益相关者的共同基础。根据 Guba 与 Lincoln（1989：8）的话，如果我们分享这些基本价值观，或"共享施工技术"，我们的评价结果就可以"言之有理"。而且，"评估必须有一个界定了后续路线的行动方向，激励有关的利益相关者追随它，并形成与保存他们这样做的承诺"（Guba and Lincoln，1989：8）。

应对气候变化的评估方法是一种综合的评价方法，它考虑可能帮助应对城市气候变化潜力的空间、物理、经济、环境、生态及社会因素。它提供了一种由理论基础、一致性、综合性的方法，以帮助构建现有的知识，促进与城市气候变化有关的问题达成广泛的共识，更有效地帮助城市探求对不确定性及对城市气候变化的社会、空间与经济影响的可能反应，提供一种对当前不确定性的一致性解释，并且解决有关城市对全球气候变化的反应与贡献的基本政策问题（Bruce et al.，1996）。

根据 Maatta 与 Rantala（2007）的研究，该方法中评估者的角色有三个层面：作为社会工程师的评估者，寻找客观地测量结果的机制；作为项目发起人的评估者，担任社区开发人员与其他利益相关者的辅导资源；作为关键解释者的评估者，正如社会学干预方法所反映的那样。

4.4 评估的概念

所提出的评估概念框架是由若干评估的概念组成，都是直接以这样或那样的方式来应对气候变化及其结果。这些概念如表4-1所示。

4.4.1 概念1：乌托邦愿景

在规划的论述与实践中，愿景具有显著的功能，旨在实现可持续发展及成功应对气候变化的影响。重要的是，提到愿景框架在气候变化中是必

表4-1 应对气候变化的评估概念

概念	组成部分	关键问题（措施）
1.愿景		愿景的范围和性质是什么？是否是与气候变化相关的风险和不确定性以及它的维度是什么？是否包括社会维度或环境本身？
2.适应	C1不确定性	C1不确定性：城市及其规划与规划地图勾画了不确定因素的情景是否会尽可能地影响我们的城市
	C2措施	C2实际措施：快速适应迅速变化环境与风险的措施是什么？
	C3 城市脆弱性矩阵	C3.1 人口统计学：城市里脆弱人口按年龄、性别、健康以及其他社会团体的性质是什么？
		C3.2 空间性：城市里的风险、不确定性、脆弱性和脆弱社区的空间分布是什么？
		C3.3 非正式：城市或城市附近已存在的非正式定居点的范围、地理、社会经济、人口及物理特征是什么？
3.公平（公正）		C1谁参与决策和规划风险城市：应对风险与威胁，并为不确定性制定规划？
4.城市治理		C2城市治理方法整合了机构、法律、社会、经济和环境等方面吗？
5.减缓	C1能源	C1城市如何解决能源行业以及是否提出减少能源消耗并使用新的替代与更清洁能源的策略？
	C2自然资本	C2.1现有及规划的温室气体排放水平是什么？
		C2.2现有及规划的物质资源状态是什么？如靠近城市的土地、绿色和农业地区，等等
	C3可再生能源	C3 "清洁能源"或可再生能源的目标和政策是什么？
	C4 生态-形态	C1紧凑度：城市里的紧凑水平
		C2可持续交通：现有及规划的可持续的交通方式
		C3密度：现有与规划的密度及策略的性质
		C4混合土地使用：城市和社区水平的土地用途多样性
		C5多样性：社会和居住层次的多样性特点
		C6被动式太阳能设计：绿色规划与设计的战略及规范
		C7绿化：绿化城市的范围和性质
		C8更新和利用：受污染地区论证及清理的策略与范围
		C9规划范围：一个建筑、一个街区、一个社区、邻近社区、城市
6.生态经济学		C1现有及规划的生态经济的性质是什么？

要的，因为这有助于确认问题的条件及变化的需要，提出未来的替代选择，并敦促所有相关全体共同行动来影响变化。气候变化的规划愿景应为人们提供一种解释性框架，使其能够理解气候变化问题与自己现在和未来的生活及整个世界具有怎样的关系（Taylor，2000；Benford and Snow，2000：614）。这种概念评估了关于一个城市或社区未来规划政策的愿景，并且假定"气候变化"的框架对于愿景本身是极为重要的。愿景的性质与范围是什么？是否与气候变化相关的风险与不确定性有关？它的维度是什么？是否包括社会维度或环境本身？这包括城市减少温室排放水平的未来目标。

4.4.2　概念2：公平

如前一章中所述，公平代表了气候变化导向的规划政策的社会问题。这个概念用来评估气候变化相关政策的社会方面，包括：环境正义、公众参与、解决城市及其个别社区与邻近社区的脆弱性水平和范围的方法。

每个城市社会包含个人和团体比其他人更脆弱并缺乏适应气候变化的能力（Schneider，2007）。气候变化的影响存在"社会化差异"，因此，这是城市分配的公平与正义问题，气候变化可能导致其不公正和不平等，在一般情况下这可能会损害城市社区以及特定的社会群体。与气候变化有关的不公平可能会沿着种族、性别、阶级及种族界限而发生，甚至会出现在邻居与社区之间（见：Mohai et al.，2009；Adg，2001：929；Bruce et al.，1996；Davies et al.，2008；IPCC，2007；Kasperson and Kasperson，2001；O'Brien et al.，2004；Paavola and Adger，2006；Tearfund，2008；Mohai et al.，2009；Adger et al.，2006）。此外，最容易受到气候变化影响的社区，通常是那些生活在更脆弱、高风险的地方，可能缺乏足够的技能及基础设施与服务（Satterthwaite，2008）。脆弱性是指"一个系统易受到且无法应付包括气候变异与极端天气的气候变化不利影响的程度，脆弱性是一个系统暴露、灵敏度及适应能力的函数"（CCC，2010：61）。一个社会的发展道路、物质暴露、资源分布、社交网络、政府机构及技术发展影响其脆弱性（IPCC，2007）。

4.4.3　概念 3：减缓

这个概念评估了多样性、范围、包容，以及承担减少温室气体排放措施的性质。减缓是指一种"减少产生气候变化如温室气体的碳源（或增加碳汇）因素的行动"（CCC，2010：61），并要"为了限制气候变化的程度就要减少温室气体排放及其捕获与储存"（Bulkeley，2010：2.2）。这个概念是由如下两个主要部分组成：自然资本和城市生态形态。

4.4.3.1　自然资本

这一组成部分评估了消费及同样重要的自然资产的更新，这些诸如土地、水、空气及开放空间的自然资产被用于开发。重要的是，它评估了温室气体的排放水平。清洁的空气是应对气候变化影响的非常重要的组成部分。自然资本是指"所有环境与自然资源资产的存量，从地下的石油到土壤与地下水的质量，从海洋中鱼的存量到全球回收与吸收碳的能力"（Pearce et al.，1990：1）。保持不变的自然资本是可持续性的一个重要标准（Pearce and Turner，1990：44；Neumayer，2001；Geldrop and Witha-gen，2000）。自然资本存量不应该减少，因为这可能危及生态系统并威胁到子孙后代创造财富及维护他们幸福的能力。

4.4.3.2　生态（可再生）能源

这一组成部分评估了什么是"清洁能源"和可再生能源目标（对比国内外最近的需求），以及规划政策如何促进城市层次上实现可再生能源的目标。它评估了一项规划如何解决能源行业以及它是否提出减少能源消耗并使用新的、可替代及更清洁能源的战略。

这一组成部分提出能源应基于可再生能源及低碳技术，以满足减排的目标。能源是减缓概念最关键的组成部分，旨在实现可持续发展，并推动气候变化导向的规划政策。事实上，能源是一个"我们时代起决定作用的问题"（Yumkella，2009：1）。清洁、可再生、有效利用能源是为实现所有规划中气候变化目标的中心主题（UNIDO，2009：6）。

4.4.3.3　生态形态

这个组成部分评估了空间规划、建筑、设计与城市理想的生态形态及组成部分。城市的空间与物质形态影响城市的风险及气候变化问题。它会影响生态系统、居民的日常活动与空间实践，最终影响到气候变化。更重要的是，适应-减缓冲突的悬而未决的问题之一是什么是有利于降低风险及节约能源的理想的密度和紧凑度。

Jabareen（2006）提出以下九个规划类型或评估的组成部分，这有助于从生态形态的角度来评估规划。

（1）紧凑度。紧凑度是指城市强度、接触和城市形态的连接性，以及我们规划与开发的方式。紧凑型城市空间减少了能源、土地和其他资源的使用。集约化是实现紧凑度的主要战略，通过增加开发活动的密度来更有效地使用城市土地。

（2）可持续交通。可持续交通表明规划应该促进可持续的交通方式，主要通过减少交通需求、减少出行、鼓励非机动车出行（步行和骑自行车等）、公共交通导向的发展、所有人的安全与公平、可再生能源（Cervero，1998；Clercq and Bertolini，2003）。

（3）密度。高密度能够节省大量的能源和土地（Carl，2000；Walker and Rees，1997；Newman and Kenworthy，1989）。然而，密度以及紧凑度还不能确定如何去适应战略。

（4）混合土地使用。这表明功能性土地用途的多样性，如住宅、商业、工业、机构及运输。为减少出行活动之间的距离，规划者可找到兼容的、彼此接近的土地用途。这样可以鼓励步行和骑自行车，并减少汽车出行的需要，同样地减少了工作、商店及休闲设施的需求。

（5）多样性。多样性是"多维现象"，促进其他理想的城市功能，包括规模较大的各种各样的住房类型、建筑密度、家庭大小、年龄、文化及收入（Turner and Murray，2001：320）。多样性对于城市至关重要。没有多样性，作为居住之地的城市系统就会衰退（Jacobs，1961）。

（6）被动式太阳能设计。通过特定的规划与设计措施，如定位、布局、景观美化、建筑设计、城市材料、表面修饰、植被及水体，达到减少能源需求并提供最优使用被动式能源的目的。

（7）绿化。绿化将自然融入城市，对城市环境的许多方面做出积极贡献，包括生物多样性、居住的城市环境、城市气候、经济吸引力、社区自豪感以及医疗与教育。

（8）更新与利用。清除、重新区划及开发污染地点是振兴城市与周边地区的关键，有助于建设更可持续及更为健康的城市环境。

（9）规划规模。理想的规划规模应考虑并融入区域、市、区、社区、街道、地点及建设物层次。从宏观层面转移到微观层面的规划对气候变化有一个更全面及积极的影响。

4.4.4 概念4：适应

这个概念评估了规划适应战略与政策，并解决未来气候变化所带来不确定性的规划战略。为减少脆弱性并使城市更有弹性，规划是否包括基础设施设计的发展项目？规划提高了城市的适应性规划能力吗？规划系统成功地应对气候变异与变化的能力吗？规划能够灵活地适应迅速变化的环境吗？

4.4.4.1 不确定性

这一部分对于城市脆弱性具有关键影响，并在城市规划和风险管理中需要评估难以预测但必须考虑的环境风险与危害。不确定性是关于一种知识的缺乏（Abbot，2009：503）。显然，脆弱性评估经常忽略未来风险的非气候驱动（Storch and Downes，2011）及不确定性。因此，这个关键组成部分评估城市及其计划与规划是否绘制与勾画了不确定因素的方案，而不确定性可能对我们城市有很大的影响。

4.4.4.2 重要措施

毫不夸张地说，这一部分是与适应相关的重要措施。这些措施是什么？它们是否足够灵活以能够快速适应我们迅速变化的环境吗？规划必须更好地帮助理解气候变化给基础设施、家庭与社区所带来的风险。为了解决这些风险，规划者手头有两种类型的不确定性或适应性管理：（1）事前管理，采取行动去减少并/或预防风险事件；（2）事后管理，在发生风险事件后采取行动来弥补损失（Heltberg et al.，2009）。

4.4.4.3 城市脆弱性矩阵

这一部分解释了危害、风险和不确定性如何影响各种城市社区及城市团体。因此，脆弱性分析矩阵的作用是分析与确定城市的类型、人口、强度、规模及环境风险、自然灾害与未来不确定性的空间分布。脆弱性分析矩阵是由确定其规模、环境、社会及空间性质的三个主要组成部分组成。这三个组成部分是：

（1）人口统计学的脆弱性。该部分评估和考察了城市脆弱性的人口与社会经济方面。城市脆弱性假定在所有社会存在的个人与团体，他们比其他人更脆弱并缺乏适应气候变化的能力（Schneider et al.，2007：719）。人口、健康及社会经济变量影响个人与城市社区面对及应对环境风险与未来不确定性的能力。这些变量影响风险的减缓、响应及从自然灾害中的恢复。

（2）非正式。这一部分评估非正式城市空间的规模与社会、经济和环境条件及其脆弱性。非正式的空间是未经筹划的、混乱的及无序的，并且假定一个城市里非正式空间的规模与人类状况对其脆弱性产生重大影响。

（3）脆弱性的空间分布。该部分评估城市里风险、不确定性、脆弱性和脆弱社区的空间分布。环境风险及危害并不总是在地理位置上均匀分布的，并且一些社区可能比其他社区受到更大的影响。绘制风险及危害的空间分布对于现在和未来的规划与管理是至关重要的。

4.4.5　概念5：综合方法

这个概念评估了城市规划和不确定性条件下的适应性管理的综合框架，以及规划提出的合作范围。综合方法假定，为了提高风险城市的城市治理水平，我们需要通过增加知识、提供资源、建立新的机构、促进良好治理以及给予更多的地方自治来扩大并提高地方的能力。

4.4.6　概念6：生态经济学

这个概念评估了规划经济方面，旨在实现清洁能源目标并将满足气候变化目标的激励与经济引擎落实到位。这一概念背后的主要假设是，环保友好型经济在实现气候变化目标中可以发挥决定性的作用。因此，城市规划与公共政策应该激励市场提供"绿色"产品和服务，促进环境友好型消费，通过创建一个更清洁的环境为城市经济发展做出贡献（Hsu，2006：11）。

4.5　结论

本章描述了一种跨学科的评价方法，以评估城市气候变化政策，并评估在风险城市里增加信任、减少风险的潜在贡献，还解释了促进可持续发展、更有效地响应与适应的措施，以及应对气候变化的规定及对建筑环境的影响。

本章阐述了应对气候变化的评价方法（CCCEM）。CCCEM 具有如下一些重要特征：

（1）CCCEM 认可并解释了在城市层次上应对气候变化的多学科性与复杂性。城市及其社会–空间与环境现象是复杂的，从而需要多学科方法来捕获其复杂性。因此，CCCEM 是复杂性评估方法，并且其概念是相互联系及相互影响的。换句话说，每个概念受到并影响着其余的概念。诸如减缓所需的生态–形态与适应所需的形态之间的实践存在矛盾。这些实践在许多情况下寻求更低密度的城市步调。

（2）CCCEM 提出了易于掌握的方法。气候变化是一个复杂的、大规模的公共问题，本书所提出的评估方法可帮助公民社会、私营部门、从业人员、决策者和大多数公众理解其"意义"。作为一个整体应用时，CCCEM 所提出的概念框架与评估方法提供了一种信息量大、易于掌握、有效及建设性的评估城市规划的方式，并阐释其优点和缺点。与在城市背景下对复杂性理论有限应用的最新批评保持一致，所提出的研究承认城市现象的"定性"本质，并通过在城市背景下把创新、多学科定性方法应用到应对气候变化的复杂性理论中去而做出了创新性贡献。

（3）CCCEM 提出了一种动态的、灵活的概念框架及方法论，将它们融入应对气候变化的框架中去，解释了不确定性并能够适应新兴的风险，这些风险可能以戏剧性的方式影响城市。

（4）CCCEM 提出了系统化方式，该方式也允许我们对城市之间在应对气候变化上进行比较分析。

（5）由于其"易于理解"及"言之有理"的特性，CCCEM 总体上来说有可能促进更多的学者、专业人士、决策者及公众在有关城市应对气候变化的当前与未来方向的问题上形成共识。所提出的多层面概念框架将帮助我们确定需要做什么来提高我们城市的弹性，从而使我们能够更有效地工作，让城市更安全可靠。

参考文献

Abbott, J. (2009). Planning for complex metropolitan regions: A better future or a more certain one? Journal of Planning Education and Research, 28, 503-517.

Adger, W. N. (2001). Scales of governance and environmental justice for adaptation and mitigation of climate change. Journal of International Development, 13 (7), 921-931.

Adger, W. N., Paavola, J., Huq, S., & Mace, M. J. (2006). Fairness in adaptation to climate change. Cambridge, MA: MIT Press.

Alexander, E. (2001). Unvaluing evaluation: Sensitivity analysis in MODM application. In H. Voogd (Ed.), Recent development in evaluation (pp. 319-340). Groningen: Geo Press.

Baycan T., & Nijkamp, P. (2005). Evaluation of urban green spaces. In D. Miller & D. Patassini (Eds.), Accounting for non-market values in planning evaluation (pp. 63-88). Farnham: Ashgate Publication.

Becker, H. A. (2003). The international handbook of social impact assessment: Conceptual and methodological advances. Cheltenham, UK: Edward Elgar Publishing.

Benford, R. D., & Snow, D. A. (2000). Framing Processes and Social Movements: An Overview and Assessment. Annual Review of Sociology, 26, 611-639.

Bizzaro, F., & Nijkamp, P. (1998). Cultural heritage and the urban revitalization: A meta-analytic approach to urban sustainability. In N. Lichfield, A. Barbanenete, D. Borri, A. Khakee, & A. Prat (Eds.), Evaluation in planning facing the challenges of complexity (pp. 193-212). Dordrecht: Kluwer.

Bruce, J. P., Lee, H., & Haites, E. F. (Eds.). (1996). Climate change 1995: Economic and social dimensions of climate change: Contribution of working group III to the second assessment report of the intergovernmental panel on climate change. Cambridge: Cambridge University Press.

Bulkeley, H., & Newell, P. (2010). Governing climate change. London: Routledge.

Carl, P. (2000). Urban density and block metabolism. In K. Steemers & S. Yannas (Eds.), Proceedings of PLEA 2000 Architecture, City, Environment (pp. 343-347). London: James & James.

CCC—Committee on Climate Change Adaptation. (2010). How well prepared is the UK for climate change? www.theccc.org.uk.

Cervero, R. (1998). The transit metropolis: A global inquiry. Washingdon, D.C.: Island Press.

Clercq, F., & Bertolini, L. (2003). Achieving sustainable accessibility: An evaluation of policy measures in the Amsterdam area. Built Environment, 29 (1), 36-47.

Crabbě, A., & Leroy, P. (2008). The handbook of environmental policy evaluation. London: Earthscan.

Davies, M., Guenther, B., Leavy, J., Mitchell, T., & Tanner, T. (2008). Climate change adaptation, disaster risk reduction and social protection: Complementary roles in agriculture and rural growth? Institute of Development Studies Centre for Social Protection and Climate Change and Disasters Group. IDS: Institute of Developing

Studies. http://www. climategovernance.org/docs/SP－CC－DRR_idsDFID_08fi-nal.pdf.

Diez,M. A.(2001). The evaluation of regional innovation and cluster policies: Towards a partipatory approach. European Planning Studies,9(7),907-923.

Geldrop,J., & Withagen,C.(2000). Natural capital and sustainability. Ecological Eco-nomics,32(3),445-455.

Guba G. E.,& Lincoln S. Y.(1989). Forth generation evaluation. California: Sage Publi-cations.

Hallegatte,S.,Przyluski,V.,& Vogt-Schilb,A.(2011). Building world narratives for cli-mate change impact, adaptation and vulnerability analyses. Nature Climate Change,1,151-155.

Heltberg,R.,Siegel,P. B.,& Jorgensen,S. L.(2009). Addressing human vulnerability to climate change: Toward a 'no-regrets' approach. Global Environmental Change,19(2009),89-99.

Hsu,D.(2006). Sustainable New York city. New York city: Design trust for public space and the New York City office of environmental coordination. New York City: New York City Office of Environmental Coordination.

IPCC—Intergovernmental Panel on Climate Change.(2007). Climate change 2007: Fourth assessment report of the intergovernmental panel on climate change. Cambridge,MA: Cambridge University Press.

Jabareen, Y.(2006). Sustainable urban forms: Their typologies, models, and con-cepts. Journal of Planning Education and Research,26(1),38-52.

Jacobs,J.(1961). The death and life of great American cities. New York: Random House.

Kasperson,R. E.,& Kasperson,J. X.(2001). Climate change,vulnerability and social justice. Stockholm: Stockholm Environment Institute.

Khakee,A.,Hull,A.,Miller,D.,& Woltjer,J.(2008). Introduction. In A. Khakee,A. Hull, D. Miller & J. Woltjer(Eds.), New principles in planning evaluation (pp. 1-16). Farnham: Ashgate.

Levent,T. B.,& Nijkamp,P.(2005). Evaluation of urban green spaces. In D. Miller & D. Patassani(Eds.), Beyond benefit cost analysis. Accounting for non-market values in planning evaluation(pp. 63-88). Aldershot: Ashgate.

Lichfield,N.(2001). The philosophy and role of community impact evaluation in the planning system. In H. Voogd(Ed.),Recent development in evaluation(pp. 153-174). Groningen: Geo Press.

Lombardi,P.,& Curwell,S.(2005). Analysis of the INTELCITY Scenarios for the city of future from a southern European perspective. In D. Miller & D. Patassani (Eds.),Beyond benefit cost analysis. Accounting for non-market values in plan-ning evaluation(pp. 207-224). Aldershot: Ashgate.

Määttä, M., & Rantala, K.(2007). The evaluator as a critical interpreter: Comparing evaluations of multi-actor drug prevention policy. Evaluation,13(4),457-476.

Mermet,L.,Billé,R.,& Leroy,M.(2010). Concern-focused evaluation for ambiguous and conflicting policies: An approach from the environmental field. American Journal of Evaluation,31,180-198.

Miller,D.(2008). Methods for assessing environmental justice in planning evaluation—an approach and an application. In A. Khakee, A. Hull, D. Miller & J. Woltjer (Eds.),New principles in planning evaluation(pp. 19-33). Farnham:Ashgate.

Miller, D., & Patassini, D.(Eds.)(2005). Accounting for non-market values in planning evaluation(pp. 63-88). Farnham:Ashgate Publication.

Mohai, P., Pellow, D., & Roberts, J. T.(2009). Environmental justice. Annual Review of Environment and Resources,34,405-430.

Neumayer, E.(2001). Do countries fail to raise environmental standards? An evaluation of policy options addressing regulatory chill. International Journal of Sustainable Development,Inderscience Enterprises Ltd,4(3),231-244.

Newman, P.,& Kenworthy, J.(1989). Gasoline consumption and cities:a comparison of US cities with a global survey. Journal of the American Planning Association, 55,23-37.

O'Brien, K., Leichenko, R., Kelkar, U., Venema, H., Aandahl, G., Tompkins, H., et al. (2004). Mapping vulnerability to multiple stressors:Climate change and globalization in India. Global Environmental Change,14,303-313.

Paavola, J., & Adger, W. N.(2006). Fair adaptation to climate change. Ecological Economics,56(4),594-609.

Pearce, D., & Turner, R. K.(1990). Economics of natural resources and the environment. Baltimore:Johns Hopkins University Press.

Pearce,D.,Barbier,E.,& Markandya,A.(1990). Sustainable development:Economics and environment in the third world. London:Earthscan Publications.

Portugali,J.(2010). Complexity,cognition and the city. Berlin:Springer(in press).

Reviere,R.(Ed.).(1996). Needs assessment:A creative and practical guide for social scientists. Washington,D.C.:Taylor & Francis.

Satterthwaite, D.(2008). Climate change and urbanization:effects and implications for urban governance. Presented at UN Expert Group Meeting on Population Distribution,Urbanization,Internal Migration and Development. UN/POP/EGMURB/ 2008/16/.

Schneider, S. H., Semenov, S., Patwardhan, A., Burton, I., Magadza, C. H. D., Oppenheimer, M., et al.(2007). Assessing key vulnerabilities and the risk from climate change. Climate change 2007:Impacts,adaptation and vulnerability. In M. L. Parry,O. F. Canziani,J. P. Palutikof,P. J. van der Linden,& C. E. Hanson(Eds.),Contribution of working group II to the fourth assessment report of the intergovernmental panel on climate change(pp. 779-810). Cambridge, UK:Cambridge University Press.

Stame, N.(2004). Theory-based evaluation and types of complexity. Evaluation, 10 (1),58-76.

Storch, H., & Downes, N. K.(2011). A scenario-based approach to assess Ho Chi Minh City's urban development strategies against the impact of climate change.

Cities,28(6),517-526.

Taylor,D. E.(2000). The rise of the environmental justice paradigm:Injustice framing and the social construction of environmental discourses. American Behavioral Scientist,43,508-580.

Tearfund.(2008). Linking climate change adaptation and disaster risk reduction. Web White Pap. http://www.tearfund.org/webdocs/Website/Campaigning/CCAand-DRRweb.pdf.

Turner,S. R. S.,& Murray,M. S.(2001). Managing growth in a climate of urban diversity:South Florida's Eastward ho! Initiative. Journal of Planning Education and Research,20,308-328.

UNIDO—United Nations Industrial Development Organization.(2009). Energy and climate change:Greening the Industrial agenda. http://www.unido.org.

Vedung,E.(2010). Four waves of evaluation diffusion. Evaluation,16(3),263-277.

Walker,L.,& Rees,W.(1997). Urban density and ecological footprints—an analysis of Canadian households. In M. Roseland(Ed.), Eco-city dimensions:Healthy communities,healthy planet. Canada:New Society Publishers.

Yin,R.(2003). Case study research:Design and methods. Thousand Oaks,CA:Sage.

Yumkella,K. K.(2009). Forward. in energy and climate change:Greening the industrial agenda(P. 1). UNIDO-United Nations Industrial Development Organization, 2010. http://www.unido.org.

第5章

风险城市的现代规划：纽约市的案例①

5.1 引言

实际上，城市与城市规划在应对未来气候变化上具有重要作用，气候变化具有很大的复杂性与不确定性，这对规划专业提出了新的挑战。为此，广泛理解规划在应对气候变化中所扮演的角色，日益为规划者强烈关注。需要知道的是，规划者现在仍处在设定议程与探索可能方向的初步阶段（Kern and Alber，2008；Priemus and Rietveld，2009；Van Leeuwen et al.，2009；Swart et al.，2009）。Swart 等（2009：152）认为，尽管空间规划被认为是一项适应政策的重要杠杆，但是"规划工具所起的参考作用仍然非常普遍而模糊"，并且"尚未解决规划工具的具体潜力问题"。此外，尽管规划者有能力对 "相互关联与相互依赖的复杂问题（诸如风险减缓与气候变化等）做出重要的、长期的思考"（Schwab，2010：5），但是世界各地的许多城市，其中包括最具开拓性的城市，仍然未能利用综合性与空间性的规划来应对气候变化（Kern and Alber，2008）。

尽管旨在减少温室气体排放与适应预期的气候变化的影响存在不确定

① ©Springer Science+Business Media Dordrecht 2015 Y. Jabareen, The Risk City, Lecture Notes in Energy 29 DOI 10.1007/978-94-017-9768-9_5

性，但是，许多城市和社区（尤其是在西方）现在正努力通过大量的实践同气候变化做斗争（Jabareen，2006，2008）。最近，我们越来越意识到环境退化及气候变化给我们城市和社区带来了巨大风险与不确定性。气候变化可能影响到每个城市的社会、经济、生态及物理系统。具有讽刺意味的是，通过城市的经济生产与消费模式，城市本身正成为这场环境危机的主要推动者。

纽约市在气候变化和可持续发展方面"公布了一项雄心勃勃的计划"，以推动在《规划纽约 2030》（PlaNYC 2030，以下简称"《规划纽约》"）保护下的许多工作（Solecki，2012：570）。一些学者认为《规划纽约》是一项雄心勃勃且具有里程碑意义的可持续发展规划，旨在绘制未来几十年纽约的图景并讨论气候变化带来的挑战（Rosenzweig and Solecki，2010b：19；Rosan，2012）。

《规划纽约》"为纽约市设计了一个可持续性与弹性的蓝图"。这是纽约市的一项长期规划（Angotti，2010）。《规划纽约》是在 2007 年的地球日发布的，它的一个基本假设是"气候变化给纽约市带来了实际的、重大的风险"（规划纽约：进度报告 2009：39）。Rosenzweig 等（2010）认为"纽约已经为其经济长期增长与可持续发展规划（规划纽约 2030）赢得了重要共识"。《规划纽约》于 2007 年首次实施且于 2011 年更新，并制定了一个雄心勃勃的目标：到 2030 年在 2005 年的基础上将温室气体排放减少30%（Solecki，2014）。

《规划纽约》是一个大城市的包容性规划。目前纽约市人口约为8 363 700 人（美国人口普查局，2009），并且根据该规划，2030 年纽约市的目标人数将飙升过 900 万（《规划纽约》：6）。该规划提出将为劳动人口增加 750 000 个工作岗位，而且"在哈德逊园区、长岛及布鲁克林商业区里重新崛起的下曼哈顿区及新中央商务区"将需要 6 000 万平方英尺的额外商业空间（《规划纽约》：6）。该规划预计 2030 年纽约将有 6 500万游客。额外的工作、游客及居民可能每年会创造额外 130 亿美元的财富，可以帮助资助下面描述的一些计划，并为居民、企业、工人及游客提供应得的服务（《规划纽约》：6）。该规划由 127 项新举措组成，旨在推动城市的经济、公共卫生发展以及提高生活质量。它们将共同组成最广泛的应对气候变化战线，而这曾经是由一个美国城市所承担。另外，"《规划纽约》的127项单独的计划直接有助于实现城市的温室气体减排目标：到2030年全市温室气体排放量减少30%，市政府温室气体排放到2017年减少30%"（《规划纽约》：2009年纽约市温室气体排放清单）。

评估框架是由六个评估概念组成，而这些概念是通过相关的可持续性与气候变化的规划及跨学科文献的概念分析来确定。同时，这些概念构成了概念框架的方法基础，其中每一个概念都由若干评估标准组成，代表特定的实践领域。

5.2　《规划纽约》的评估

本节介绍《规划纽约》的评估结果与见解，提出了气候变化评价方法（CCCEM）的六个概念。此外，本节将充分利用纽约市和纽约州准备的许多报告，如《规划纽约2030的进度报告》《气候变化报告》《节能计划》《温室气体清单》《市政节能》《本地思考，全球行动：如何遏制全球变暖才能改善当地公共卫生》《规划纽约：纽约市温室气体排放清单》《纽约市气候变化委员会（NPCC）：气候风险信息》等。

5.2.1　《规划纽约》的乌托邦式愿景：问题陈述

风险是《规划纽约》的愿景与问题陈述的出发点。在阐述纽约市所面临的问题及调整新规划的紧迫性上气候变化扮演了主要角色。《规划纽约》和纽约市气候变化委员会（NPCC，2009）都把纽约描绘成一个面临风险的城市。NPCC是《规划纽约》提出的、2008年由纽约市长号召成立的一个公共机构。毫无疑问，"气候变化有可能影响纽约市民的日常生活"，这就假定把纽约市及其居民暴露在新的危害与加剧的风险之中（Rosenzweig and Solecki，2010b：13）。此外，NPCC认为"气候变化给纽约市及其基础设施带来一系列危害"，并且"这些变化表明需要重新考虑其运作及适应其发展环境的方式"（NPCC，2009：3）。

从一开始，《规划纽约》就把纽约市与世界作为一个整体，调查分析了本地与全球气候变化的不确定性与关键的危机。规划指出，纽约"已经开始体验到更温暖、更不可预测的天气与海平面上升"，并且科学家们预测显示，到21世纪末随着全球气温升高，纽约可能会发现自己每年90°（华氏）或更热的天数在40天到89天之间。全球气候模型预测的年平均气温预计2020年将增加1.5°~3°（华氏）、2050年增加3°~5°（华氏）、2080年增加4°~7.5°（华氏），气候变化可能会使纽约及其周边地区的气温升得更高（NPCC，2009）。纽约市还将经历更强烈的暴风雨，到21世纪末年降水量可能增加而且干旱可能会变得更严重。热浪也将变得更加频繁、更加强烈、持续时间更长，而且海平面可能会上升，到2020年上升2~5英寸、到2050年上升7~12英寸、到2080年上升12~23英寸。"作为一个沿海城市"，《规划纽约》总结道，"我们容易受到全球变暖的最引人注目的结果是：海平面上升和风暴加剧"（《规划纽约》：133）。与工业革命前的时期相比，海平面每10年上升0.34~0.43英寸，目前纽约市范围内的增长速度每10年从0.86英寸增长到1.5英寸（NPCC，2009：5-9；Gehrels et al.，2005；Holgate and Woodworth，2004）。因此，一般洪水与沿海洪水相关的风暴也可能增加（NPCC，2009：4）。纽约市大约有578英里的海岸线，超过50万的居民生活在当前的冲积平原内，这使纽约市面临着特别高的风险。NPCC认为纽约已面临每80年一次的"百年一遇洪水"的可能性。这可能到2020年会增加到43年一次、2050年增加到每19年一次。据估计，一个2级飓风将对纽约市造成比除迈阿密以外的任何其他美国城市更大的伤害（NPCC，2009：8）。

因此，气候变化对纽约的基础设施造成特定的威胁，包括增加了夏季的材料紧张，夏季更高的电力负荷峰值及减少冬季供热能力，电压波动、设备损坏与服务中断，增加空调系统的需求，运输服务中断，洪水淹没的街道、地下室及下水道增加，水质下降，淹没低洼地区与湿地，增加结构性破坏与损害性操作，以及需要增加应急管理程序等（NPCC，2009：4-30）。

纽约市的基础设施显著地增加了气候变化的不确定性。根据《规划纽约》，纽约市的基础设施是"美国最古老的"。不仅大量使用地铁及高速公路网络，而且，正如很多地铁站一样，需要维修大约3 000英里的道路、桥梁和隧道。更糟的是，水利基础设施70多年没有被检查过，并且海岸线附近运行的城市支流的52%甚至要用不安全的划船方式才能通过社区。最后，大约7 600英亩的自治市区仍然被污染着，并且纽约市是美国哮喘病发病率较高的城市之一（《规划纽约》：7）。2000年至2005年间，纽约市的温室气体排放增加了将近5%（《规划纽约》：135），这具有特别重要的意义，因为纽约市几乎排放了世界总温室气体排放的0.25%。作为一个沿海城市，《规划纽约》总结道，"我们容易受到全球变暖的最引人注目的结果是：海平面上升和风暴加剧"（《规划纽约》：135）。

不仅纽约市及其《规划纽约》，而且纽约州都提出了基于气候变化及其不确定性风险的主要问题。纽约州委员会提出：

存在的重大的气候变化风险包括海平面上升、降水的变化模式、温度变化及越来越频繁的极端天气事件。随着预计的显著的人口增长及人口结构变化，纽约州存在着人口压力。纽约州人口结构的变化包括进一步城市化、郊区贫困的增长、还有那些生活在贫困线以下居民的持续需要与不断增长的人口老龄化。（纽约州委员会，2013：10）。

因此，气候变化及其风险与影响在现行的《规划纽约》里所描述的目前纽约市面临的问题中起着决定性作用，这可能导致未来纽约市的生活会显著恶化。

随后，《规划纽约》把纽约市描绘成美国最可持续且"最环保高效的城市之一"（《规划纽约》：135），生产了"不到美国平均二氧化碳排放量的三分之一"，因此，规划认为，"发展中的纽约本身就是一项气候变化的战略"。根据该规划，纽约市是一个全球负责任、开拓型、现代化及创新型城市——一个具有"无穷无尽可能性"的城市（《规划纽约》：130）。《规划纽约》仍然认为，"不管我们内在的效率如何，我们都可以做得更好，而且我们必须做好。但是，我们却做得更糟"（《规划纽约》：135）。作为世界上最壮观的城市之一，规划者认为，纽约市应该抓住机遇，并"明确在21世纪城市中的定位并领导应对全球变暖的斗争"（纽约规划：130）。纽约市"等不起除非别的城市带头"减缓气候变化。规划者认为，"纽约总是率先解答一些最紧迫的现代问题"，同时"我们有责任再次这样做，并主动应对21世纪的决定性挑战"（《规划纽约》：9）。

根据《规划纽约》，气候变化是纽约市愿景的核心。《规划纽约》的愿景给当地和全球产生一种紧迫感:"除非公众……领会紧迫感……我们不会满足我们的目标"(《规划纽约》:110)。"与此同时,我们将面临一个越来越不稳定的环境和日益严重的气候变化危害,不仅危及我们的城市,而且危及地球。我们已经提供了不同的愿景……这是纽约市作为21世纪第一个可持续发展城市的愿景,不过它不仅仅如此。这是规划要实现的目标"(《规划纽约》:141)。规划愿景承诺了一个更美好的未来:"我们相信,最彻底的规划结果是在城市现代历史上提高纽约市的城市环境……我们已经设计出一种可以成为21世纪城市模范的规划"(《规划纽约》:10)。

这是一种愿景:为纽约人提供美国任何大城市中最干净的空气、保护我们饮用水的纯净……以及生产更多、更清洁和更可靠的能源并为如何快速有效地在我们的城市里出行提供更多的选择。这是一种反映了几个世纪以来我们城市所确定的多样性愿景:污染土地的地方实现再生并恢复社区、每一个家庭居住的地方都靠近公园或操场、来自每一种背景的纽约人都拥有可用及可持续的住房。(《规划纽约》:141)

《规划纽约》把"气候变化"和"可持续性"作为规划的主要问题和中心主题。纽约市市长迈克尔·布隆伯格(Michael Bloomberg)把《规划纽约》形容为"可持续纽约的长期愿景","已被全世界任何地方公认为最雄心勃勃的——并且最实用的可持续发展规划之一"(《规划纽约:进度报告》,2009:4)。他还认为,该规划的127项计划"不仅会加强我们的经济基础并改善我们的生活质量,而且总体上来说,这些计划也将对所有全球气候变化的最大挑战形成正面的冲击(《规划纽约:进度报告》,2009:2)。

《规划纽约》改进的愿景包括解决方案和规划战略,呼吁采取共同行动,并承诺:"我们可以做得更好。同时,我们可以创造一个更绿色、更伟大的纽约"(《规划纽约》:3)。用市长的话说,"《规划纽约》已经成为名副其实的全市工作……我们正在创造一个更美好、更可持续的城市——一个将超越目前的经济动荡并向世界展示它是如何能成为比以往更强的城市……这个城市致力于这些目标,同时,我知道我们可以构建一个更绿色、更伟大的纽约"(《规划纽约:进度报告》,2009:4)。

《规划纽约》的愿景雄心勃勃:其实际目的是减少碳排放30%,其具体议程是把纽约市建设成"更绿色、更伟大的纽约"。该愿景充分说明把本地与全球气候变化作为规划和未来发展的中心问题，旨在激发和调动纽约人共同坚持规划倡议并凝聚共识及其实施的合法性。为此，"我们"这个词在156页的《规划纽约》中出现了1 708次，或者每页出现约11次。然而，该愿景忽略了这个多样化城市的社会和文化议程。引人注目的是，尽管纽约市"比以往任何时候都更加多样化、今天近60%的纽约人要么出生国外要么是移民的孩子"（《规划纽约》：4），纽约市居民有174种语言，但是愿景忽略了与该市大部分人口相关的社会和文化问题。

　　《规划纽约》把其主要目标划分为6个主题，如表5-1所示。所有规划的主题和10个目标中的9个目标，是以物理与环境为导向，而只有一个目标专注于住房和支付能力，它本质上可以看作社会目标。因此，气候变化在城市愿景中扮演着重要角色，并在规划目标里保持着强有力的隐性及显性的存在。

表5-1　　　　　　　　　　　　　应对气候变化的评估概念

主题	次主题	目标
土地	住房	"为近一百万纽约人创建住房，并使住房更廉价和可持续"
	开放空间	"确保所有纽约人生活在公园的10分钟步行范围之内"
	棕色地带	"清除纽约市所有污染的土地"
水	水的质量	"通过保护自然区域和减少污染，我们户外90%的水道得到休养"
	供水网络	"为我们老化的供水网络开发关键的备用系统，以确保长期的可靠性"
交通	交通拥堵	"通过增加运输能力为数以百万计的居民、游客和工人改善出行时间情况"
	良好的修复状态	"实现纽约的道路、地铁与铁路历史上第一次达到完全的'良好的修复状态'"
能源	能源	"通过升级我们的能源基础设施，为每一个纽约人提供更清洁、更可靠的电力"
空气	空气质量	"实现任何美国大城市的最干净的空气质量"
气候变化	气候变化	"减少全球温室气体排放30%"

资料来源：基于《规划纽约》所包含的信息，P.15，51，73，99，117，131。

5.2.2 《规划纽约》中的适应

适应的概念包含不确定性、实质性措施及城市脆弱性矩阵三个组成部分。

5.2.2.1 不确定性

2007年地球日启动的《规划纽约》，其基本假设是"气候变化给纽约市带来了实际的与重大的风险"（《规划纽约：进度报告》，2009：39）。纽约市被《规划纽约》和纽约市气候变化委员会描绘成处于风险中的城市（NPCC，2009）。NPCC是《规划纽约》提出的一个公共机构（《规划纽约》：139），2008年由纽约市长号召成立，旨在实现规划中提出的与气候变化相关的目标。NPCC认为"气候变化给纽约市及其基础设施带来一系列危害"，并且"这些变化表明需要重新考虑其运作与适应其发展环境的方式"（NPCC，2009：3）。根据NPCC（2009），气候变化可能会使纽约及其周边地区的气温升高，正如全球气候模型所预测，2020年年平均温度将增加1.5°~3°（华氏）、2050年增加3°~5°（华氏）、2080年增加4°~7.5°（华氏）（NPCC，2009）。此外，城市也将经历更强烈的暴风雨，而到21世纪末年降水量可能会增加且干旱越来越严重。热浪也可能变得更频繁、更强烈且持续时间更长。而且在未来的几十年海平面也可能上升，到2020年上升2~5英寸，到2050年上升7~12英寸，到2080年上升12~23英寸。与工业革命前海平面每10年上升0.34~0.43英寸相比，目前纽约市范围内每10年从0.86英寸增长到1.5英寸（NPCC，2009：5-9；Gehrels et al.，2005；Holgate and Woodworth，2004）。因此，洪水及与沿海洪水相关的风暴也可能增加（NPCC，2009：4）。纽约市有大约578英里的海岸线，超过50万的居民生活在当前的冲积平原内，这使城市面临着特别高的风险。事实上，按照当前的海平面，NPCC认为纽约已面临每80年一次的"百年一遇洪水"的可能性。到2020年可能会增加到每43年一次、2050年增加到每19年一次。据估计，一个2级飓风将对纽约市造成比除迈阿密以外的任何其他美国城市更大的伤害（NPCC，2009：8）。

气候变化给城市的基础设施带来特定的威胁，其形式包括增加夏季的材料紧张、夏季更高的电力负荷峰值及冬季供热能力降低、电压波动、设备损坏与服务中断、空调系统需求增加、运输服务中断、洪水淹没街道和地下室及下水道的可能增加、水质下降、低洼地区与湿地淹没、结构性破坏与损害性操作增加以及应急管理程序需要增加等（NPCC，2009：4-30）。

除了这些威胁外，城市基础设施已经恶化的实际状况显著增加了气候变化的不确定性。根据《规划纽约》（2007：7），纽约市的基础设施"是美国最古老的。"不仅是过度使用的地铁及高速公路网络，而且大约有3000英里的道路、桥梁和隧道需要维修，正如很多地铁站一样。更糟的是，水利基础设施70多年没有被检查过，并且海岸线附近运行的52%城市支流，甚至要用不安全的划船方式才能通过社区。最后，大约7 600英亩的自治市区仍然污染，并且该市是美国哮喘病发病率较高的城市之一（《规划纽约》：7）。

关于这些风险和不确定性，《规划纽约》解释说，"没有什么应对气候变化的高招"，"因此，我们帮助阻止气候变化的战略是规划中所有倡议计划的总和"（《规划纽约》：135）。该规划适应气候变化的主要推动力似乎在于创建"一个政府间工作小组来保护我们城市的重要基础设施"并"与脆弱的社区合作制定具体策略"（《规划纽约》：136）。此外，《规划纽约》提出制定通过全市性的战略规划流程和建立纽约市气候变化顾问委员会来"确定气候变化对公共卫生和城市其他元素的影响，并开始确定可行的适应战略"（《规划纽约：进度报告》，2009：39）。《规划纽约》所提出的适应政策还包括通过实施纽约市、州、联邦机构和当局之间的密切合作增强城市的重要基础设施的措施、更新淹没平原的地图更好地保护那些最容易受到洪水的地区、与整个城市的高危社区一起工作来制订具体地方的计划。"除了这些专项计划"，该规划还写道，"我们也必须拥有更广泛的视角，跟踪气候变化的新兴数据并分析其对我们城市的潜在影响"（《规划纽约》：136）。

《规划纽约》解释了一般水平上气候变化的未来不确定性，并提出主要机构规程——建立NPCC和气候变化顾问委员会来迎接挑战。毫无疑问，这些负责监测关于城市气候变化参数的机构会提出调整政策、提高城市的市区适应性规划能力。然而，规划的适应战略主要是基于减排、事前的战略。这样，《规划纽约》未能为源于气候变化灾害的城市及其基础设施做好准备。例如，规划没有沿着纽约市沿海地区570英里的脆弱区提出基础设施设计或开发项目。相反，《规划纽约》提出只要有可能就在海滨和其他地区加强开发，而没有考虑气候变化带来的风险。最后，《规划纽约》没有提出应对此类灾难的事后策略，或紧急响应措施。

5.2.2.2　实质措施

《规划纽约》本身并未提出具体的实质性适应措施来改善城市适应环境危机和风险。近年来的主要措施是，最新的飓风光临纽约市之后，该市正在规划与实施其他最新的适应措施。

5.2.2.3　城市脆弱性矩阵

《规划纽约》没有深入分析城市和社区所面临的威胁和风险，没有按照年龄、性别、健康和其他社会或民族来分析城市脆弱性人口的本质，还没有分析城市的风险、不确定性、脆弱性和脆弱社区的空间分布。总之，没有任何区别地处理风险。

5.2.3　公平正义的《规划纽约》：公众参与

纽约是有5个区、59个社区和数百个居民区的多元化城市。《规划纽约》承认改变气候变化模式将对这些社区、生活和构成"重大公共卫生的危险"产生广泛的影响，并影响许多人的财产和生计（《规划纽约》：138）。而且，纽约市五个区"有脆弱的海岸线"。此外，《规划纽约》提出的大规模增长肯定会影响到这些社区，甚至可能"抹去整个纽约市社区的特点"（《规划纽约》：18）。考虑实施规划的空间影响，作者提出纽约市及其社区未来的一个关键难题：

我们不能简单地打造尽可能多的能力，但我们必须认真考虑我们想成为什么样的城市。我们必须问问，哪个社区将遭受特别拥挤之苦并且哪些社区充分考虑到与公民、工作、商店和交通的融合。当我们决定在未来几十年里将塑造我们城市的模式时，我们必须权衡碳排放的后果、空气质量和能源效率（《规划纽约》：18）。

尽管《规划纽约》体现了重要规划并提出了关键的难题，但是它并没有提出在规划过程中促进公民参与的任何机制或程序，并没有提到公众参与城市社区和居民区。简而言之，仔细阅读《规划纽约》会发现规划过程中公众参与的不充分性。《规划纽约》问道："我们应该成为什么样的城市？"并声称："我们对纽约市提出了这个问题"（《规划纽约》：9）。然而，没有使用主体规划中公众参与的系统程序，规划者所用的参与方法是混乱的：

"过去三个月，我们已经收到通过电子邮件发来的成千上万的想法，我们听到超过1000个公民、社区领袖和环保人士来到我们会议上表达其意见，我们已经会见了超过100个支持者和社区组织，举行了11次市政厅会议，并围绕城市发表演讲。我们收到的输入信息建议考虑新思想，塑造我们的思维，重新安排我们的优先顺序"（《规划纽约》：9）。

尽管气候变化这个过程是世界上最社会化和文化多元化城市的因素之一，但是，很明显在这个过程中公众参与不足，并难以满足来自气候变化规划的挑战。《规划纽约》提出了重要的城市困境但还很少引发真正的社区参与。相反，规划者以纽约人的名义似乎提出自己的答案："通过面向未来，我们将继续确保城市社区的本质特征保持不变，因为我们寻找……公众参与再分区规划的机会"（《规划纽约》：21）。

经济适用房似乎是《规划纽约》寻求解决最合适的主题之一。"我们今天面临的最紧迫的问题是支付能力，"规划者写道"在2002年与2005年之间中低收入纽约人可负担得起的公寓数量萎缩了205000套（《规划纽约》：18）。该规划假定"如果供应没有赶上人口出生的快速增长，支付能力可能进一步加剧萎缩"（PlaNYC：18）。在此基础上，要求扩大"300000~500000套的住房供应潜力以降低土地的价格"，并呼吁配套的"具有针对性的支付能力战略、创新性融资、扩大使用内含分区并为低收入的纽约人开发住房项目等行动。"规划者认为，这将"确保新的住房建设要与作为纽约市所有人机会的愿景相匹配"（《规划纽约》：18）。然而，在实践上《规划纽约》要做的是，在没有提出确保保障性住房并恢复已经失去的超过200000套住宅的有效政策时建议供应500000套住宅。而且，《规划纽约》的重新区划也未能充分保护保障性住房（Paul，

2010）。Paul（2010：4）提出"由城市包容性分区项目所设计的保障性住房套数（通常称为'80-20'，因为开发商获得配置保障性住房套数20%的补贴）超过以前损失的已有保障性住房的套数，因为市场租金增加，符合出租规定的租户就被富有进取心的新房东排挤出去。"

虽然《规划纽约》指出了城市里存在环境不公，但未能以严肃的方式解决这个问题，并没有实际的措施来减缓这种现象。例如，规划者们承认，大多数棕色土地集中在低收入社区，这导致严重的环境不公（《规划纽约》：41）。这样的土地所有者"经常发现他们的经济利益决定发展规划，使清理要求最小化"并且"可以选择其土地的新用途"，这"未能反映社区需求或心愿"（《规划纽约》：42）。此外，"在一些社区，受到当地空气排放的影响可能造成更高的哮喘病率及其他疾病"（《规划纽约》：119）。这些明确的环境问题的案例也无法由规划来解决。

《规划纽约》鼓励社区参与未来重大规划问题，但在规划本身准备的时候却很少反映社区参与的兴趣。按照这种精神，规划建议未来主要通过"脆弱社区制定具体策略"的工作来参与开发适应性战略，并且"创建社区规划程序确保特定社区的所有利益相关者参与气候适应战略"（《规划纽约》：138）。《规划纽约》也提出当在他们的社区（《规划纽约》：25）及重新规划的棕色土地（《规划纽约》：44）上探索潜在的开发地点时要与社区一起工作。Angotti（2008a，b，c，d）批评《规划纽约》的社区参与，并建议规划不是执行59个社区董事会的每个单独决定，而是"可能会挑战每个社区去提出自己的长期可持续性、保障性住房建设、开放空间和运输的优先事项，让社区说话"。

令人信服的论据表明，Angotti（2010：3）认为，纽约市的59个社区董事会的问题有：

2030年的规划还看不见，它仅仅提及许多电子表格、地图和彩色图像，预示着未来的绿色城市。它们可以发表评论，但在设置优先级或开始改变上扮演不了角色。它们不是事后咨询，还往往只是受到批评时的反应。公民和团体也都同样靠边站了，包括几十年前就开始争取更环保与更伟大未来的许多公民以及很久以前就在市政厅倡导可持续发展理念的团体。

　　总的来说，为了"释放机会"，《规划纽约》主要集中于诸如土地、空气、水、能源和交通等实体规划维度（《规划纽约》：3），而很少谈及社会文化问题。事实上，几乎没有一项重大规划有动力直接处理公平与正义问题，如多样性、社区和居民区的未来、贫困（只在整个规划中出现一次）和城市及其移民的文化多样性。而且，《规划纽约》并没有解决气候变化的脆弱性矩阵，即气候变化着重强调存在于每个社区及其未来可能面临的特定环境风险将如何影响每一个社区。

　　按照许多规划者和学者的观点，《规划纽约》中的公众参与过程存在不足。美国规划协会纽约地铁分会（NY Metro APA），代表 1 200 多名规划师、设计师、工程师和其他参与纽约大都会地区（纽约、长岛和哈德逊）规划的人，批评《规划纽约》的程序并写道："'可持续发展'这个词有许多不同的定义，并且可用各种方式来解释，这取决于一个人的观点、价值或优先权。因此，规划与程序的可信度取决于广泛的、开放的公共参与和问责制"（NY Metro APA，2007：2）。此外，纽约地铁分会（NY Metro APA，2007：3）认为"应特别注意寻求来自这些人的投入：那些至少已达成广泛的推广服务范围（以确定诸如反映纽约多样性的少数民族语言的年代）的人，低收入居民以及那些无权接入基于互联网反馈机制的人"。Peter Marcuse（2008：1）声称《规划纽约》的参与过程是一个骗局。Angotti（2010：1）认为，《规划纽约2030》忽视了纽约市数百个社区、59 个社区董事会及关心城市未来的无数公民、社会和环保组织的任何角色；而且，规划是一个自上而下的规划，设想市政厅拥有最小的、从未被正式规划批准的投入。Paul（2011：1）宣称社区很少参与"自上而下的和技术层面的规划程序"。Brian（2011：2）认为："事实上，《规划纽约2030》中的公众参与是马后炮，除非市长办公室意识到这是向公众兜售规划的一个必要组成部分"。Rosan（2012：973）认为，"《规划纽约》通过可持续发展的规划成为促进环境正义（environmental justice）许多步骤中的首要一步"，而且"《规划纽约》提出了大量的项目，其中许多改善了环境正义社区的生活条件。然而，在一些实例中环境正义和社区活动家感到被排斥与忽视"，并不是所有的环境正义或可持续性组织都对规划或程序感到满意，他们认为该规划未能促进"合理的可持续发展"。

5.2.4 城市管理

《规划纽约》提出一项雄心勃勃的议程措施，旨在"创建一个可持续的纽约"，这将需要"市政府官员及州立法委员的代表，社区领导人及我们的华盛顿代表团，以及每一个纽约人"的巨大的努力（《规划纽约》：140）。尽管如此，规划者们承认，"现有的组织、程序和流程不足以实现这些政策"，并且"目前没有任何组织被授权共同考虑把供给和需求作为综合战略的一部分，提出城市能源规划的广阔愿景"（《规划纽约》：104）。该规划总结道，"聚焦纽约市的特定需求，显然需要有一个更全面、协调及更积极的规划工作"，因此呼吁建立纽约市能源规划委员会（《规划纽约》：105）。规划还呼吁"纽约市、州和联邦级别的变革——呼吁为交通提供资金、呼吁进行能源改革、呼吁制定国家或州温室气体政策"（《规划纽约》：11），并呼吁"创建一个新的地区融资实体、智能化的融资权威，这将依赖于两个资金流的支持：拥堵收费收入及要求纽约州兑现其前所未有的承诺"（《规划纽约》：13）。此外，规划建议建立促进城市棕色地带规划并重建办公室（《规划纽约》：45）。利用上面提到的方法，《规划纽约》在正式制度层面提出了一个关于气候变化问题的综合方法。然而，该方法未能有效整合公民社会和基层组织，比如59个社区及纽约市的董事会。

5.2.5 《规划纽约》的生态经济学

根据《规划纽约》的作者的观点，在未来十年改善城市的能源基础设施与降低需求将减少数十亿美元的能源成本，流域保护将使投资于新的水过滤厂的数十亿美元节省下来，同时改善公共交通、减少交通拥堵将会减少由于交通延误而造成的每年130亿美元的经济损失（《规划纽约》：133）。通过管理需求、增加能源供应、现有建筑节能，城市总体电力与供热账单将下降20亿~40亿美元，到2015年平均每个家庭估计每年节省大约230美元。拥挤定价预计运行的第一年将产生净收入3.8亿美元，到2030年增加超过9亿美元（《规划纽约》：96）。为此，《规划纽约》提出一项纽约市宪章修正案，要求其投资数额相当于每年节能措施上能源费用的 10%。规划师还指出，这些计划需要执行这些措施，"将创造成千上万的高薪工作"（《规划纽约》：133），而这将意味着纽约市将"不仅有一个更健康的环境，而且有一个更强大的经济"（《规划纽约》：13）。

然而，正如我们所见，规划者并没有足够重视太阳能设计或将其作为替代能源。《规划纽约》建议对可再生能源及新兴技术试点提供激励，主要针对具有最大潜力的太阳能。但该规划认为，"太阳能还不如燃气发电具有成本效益"，并且对于纽约市来说特别昂贵，因为更高的建筑需要更多的电线与起重机把设备运送到屋顶，导致太阳能安装成本比新泽西高 30% 且比长岛高 50%（《规划纽约》：112）。为了增加未来的太阳能使用，该规划建议推出适用于太阳能面板安装的房产减税政策。

因此，《规划纽约》提出了若干促进气候变化目标与更清洁环境的经济引擎。其良好的基本结论是"适应气候变化与投资减缓不仅保证了纽约市的长期经济活力，而且将鼓励公共和私人投资于城市基础设施，支撑绿色工作，并提高生活质量及今天纽约人所享受的服务水平"（《规划纽约：进度报告》，2009：38）。

5.2.6　减缓

减缓策略包含如下三个主要部分：自然资本、能源与生态形态。

5.2.6.1　《规划纽约》的自然资本

正如我们所见，《规划纽约》关注自然资本的维度（空气、水和土地），并提出在纽约市未来发展中要得到有效利用。其主要战略是恢复空气质量、保证干净的水与滨水区、收集径流水、土地利用最大化及清理被污染的地点与棕色地带，种植树木及绿化城市。为此，该规划采取以下措施：

（1）空气。如果不采取行动，纽约市的碳排放到 2030 年将增长约7 400 万吨（《规划纽约》：9）。《规划纽约》提出改善空气质量并减少排放 30% 的方案（《规划纽约》：116）。

（2）水。该规划要求"为我们的老化供水网络开发至关重要的备用系统，以确保长期的可靠性"（《规划纽约》：12）。规划还提出了通过植树造林来提高城市吸水率的方法（《规划纽约》：59）。最后，规划建议沿着公园大道创造植被化的沟渠（沼泽地）以储存直接的降雨并促进径流的自然净化（《规划纽约》：60）。

（3）滨水区和水道。纽约市有578英里的海滨，该规划把它看成是"城市住宅开发的最大的机会之一"并且还是其他类型项目的一个重要地点（《规划纽约》：22）。《规划纽约》也面临"城市工业过去的遗迹""被当作纽约市的水路输送系统来处理"（《规划纽约》：51），并提出通过保护自然区域和减少污染，开放90%的城市水道用于休养（《规划纽约》：53）。

（4）树木。"到2017年纽约市将下功夫利用公用场地重新造林大约2 000英亩"并将在城市的很多地方实现重新造林（《规划纽约》：128）。

（5）土地。由于城市土地供应是固定的，《规划纽约》呼吁"更有效地使用我们现有的存量土地"并收回空闲的、未利用的及未充分利用的土地用于开发。

5.2.6.2　生态规划纽约的能源

纽约市的能源部门是《规划纽约》的一个主要关注点。在这一领域它的主要目标是通过升级纽约市能源基础设施为每一个纽约人提供更清洁、更可靠的电力（《规划纽约》：99）。为此，该规划呼吁鼓励新的更清洁的发电厂、更新城市最低效的发电厂并开发市场增加可再生能源的供应和使用（《规划纽约》：103–115）。为了使能源效率最大化，《规划纽约》呼吁关注建筑，这是纽约市最大的能源消费者（《规划纽约》：107）。纽约市超过三分之二的能源消费在建筑上，而全美国的建筑能源消费平均水平不到纽约市的三分之一。按照规划，"纽约市拥有的52亿平方英尺的空间分配在近一百万的建筑里"（《规划纽约》：107–108）。到2030年，纽约市至少85%的能源将被用于现存的建筑上。这样，现有建筑的节能措施将使温室气体排放减少700万吨。这具有重要意义，因为没有规划中列出的措施，到2030年排放量将上升到近8 000万吨（《规划纽约：进度报告》，2009：39）。《规划纽约》还预测，2030年纽约市的温室气体将减少30%（《规划纽约》：103）。

此外，该规划在能源认识领域提出一项广泛的教育与培训活动（《规划纽约》：110）。规划还鼓励向公共交通与各种方式转变以提高燃油效率，使用更清洁的能源、更清洁的或更新的引擎以及安装反空转的技术（《规划纽约》：13）。根据规划，最有效的策略是减少路上车辆的数量，同时扩大城市交通系统并实施拥堵收费（《规划纽约》：136）。规划者预测，大约50%的二氧化碳减排将来自提高建筑能效，而32%则来自提高发电设备，并有18%来自交通的优化。规划者们解释其决策不是依靠"该规划里广泛使用的太阳能，因为对于大规模使用来说太阳能现在的成本太高了"（《规划纽约》：136）。

5.2.6.3　《规划纽约》里的生态形态

（1）紧凑度。现今，不到4%的纽约市建筑大约占纽约市建造面积的50%（《规划纽约》：102）。为了增加城市紧凑度，《规划纽约》提出各种规划战略。这表明充分利用"可能的每一处地方"和"现在轻易使用"的发展空间，例如20世纪30年代发达国家在公共住房领域的停车场（《规划纽约》：23）。规划还呼吁通过提高整个城市公共交通的良好服务和其他基础设施来开发未充分利用的领域，筹措潜在的交通基础设施投资并用于整修铁路站场、铁路及高速公路（《规划纽约》：19-25）。通过重新规划，规划者旨在"通过打通有力的区域交通通路继续保持直接的增长，恢复我们海滨未充分利用的或难以接近的地区，并通过增加交通探索刺激增长的机会，正如一个多世纪前我们的发展模式一样"（《规划纽约》：21）。《规划纽约》促进重新规划和棕色土地再开发，按照规划，这些土地代表了纽约市最大的机会之一，并且这些土地包括所有5个区大约7 600英亩的面积（《规划纽约》：41）。

（2）密度。纽约是一个密集的城市。今天纽约市整体人口密度达到每平方英里25 383人，并且其最高密度是128 600人（纽约市2009年数据）。规划建议的进一步策略是提高密度。

（3）可持续交通。目前城市的交通系统状况不佳。一半以上的纽约市地铁车站正在等待维修，并且要使交通和公路网络重回良好状态纽约市要花费的资金缺口超过150亿美元。更糟的是，列车拥挤，一半的地铁路线经历过拥堵并且大量的纽约居民无法使用公共交通（《规划纽约》：76）。《规划纽约》提出一个"全面的运输规划"，以满足纽约市到2030年及其后的需求。该规划包括通过扩张大型基础设施提高交通网络、改善公交服务、扩大轮渡系统及完成主要自行车计划的策略，并通过更好的公路管理及收取拥堵费减少交通堵塞道路的增加（《规划纽约》：13）。此外，《规划纽约》追求交通导向的开发理念并且对于直接增长的区域重新规划有力的交通线路（《规划纽约》：21）。借助这些政策，纽约人将体验更加舒适的出行，并更可靠地减少出行时间，从而实现一种新的流动性标准（《规划纽约》：97）。

（4）混合土地使用。《规划纽约》鼓励在未来开发中使用混合土地，主要是在居民区里与开放空间使用混合交通。此外，该规划鼓励对具有其他用途的市属43 000英亩土地进行协同定位。

（5）多样性。《规划纽约》承认，"更重要的是，混合居住将决定我们要成为什么样的城市"，并且"通过扩大供给的可能性创建更健康的市场环境，我们可以继续确保新的住房生产与所有纽约愿景相匹配"。"如果纽约失去了其社会经济多样性"，规划者们警告说，"它将丢失其最大的资产。我们能——并且必须——做得更好"（《规划纽约》：27）。然而，在实践层面上，《规划纽约》忽略了社会经济与文化多样性的问题，包括关键的社会-空间诸如种族隔离等问题。规划还未能促进更广泛的丰富多样的住房类型。

（6）被动式太阳能设计。尽管《规划纽约》没有重点关注被动式太阳能设计，但是它确实提出了"绿色化"的纽约建筑规范，重点强调实现纽约市的节能战略、实现新的可持续技术与建筑物的一体化及适应气候变化。它还提出关注减少用于混凝土的水泥，因为水泥生产是一个能源密集型的工艺，每吨的水泥生产释放一吨二氧化碳（《规划纽约》：106-107）。

（7）绿化。在今天的纽约市，每千位居民的标准公园面积是1.5英亩，还有平均每1 250名儿童有一个游乐场。此外，在188个社区中的97个里，每个游乐场的儿童数量更高（《规划纽约》：30）。在这种背景下，

《规划纽约》采用绿化作为主要策略，并提出三种主要方法，确保到2030年几乎每一个纽约人将生活在到公园散步不超过10分钟的距离：①通过升级已经被指定的土地作为游戏空间或公用场地，使其可用于新增人口；②通过扩大目前优质地点的可用小时数；③通过把街道和人行道重新界定为公共空间。这些政策的共同影响将为整个纽约市创造超过800英亩的升级公园和开放空间（《规划纽约》：31）。《规划纽约》还呼吁美化公共领域，"在尽可能多的地方积极植树，以便充分利用整个纽约市植树的机会"（《规划纽约》：38）。此外，规划者们呼吁实施"绿色街道"扩张行动，该计划自1996年成立以来已成功把数千英亩未使用的道路空间变成绿色空间（《规划纽约》：38）。他们还建议为绿色屋顶提供激励措施，这可以通过吸收或储存水来减少径流量并协助其他自然过程（《规划纽约》：60）。《规划纽约》问世以来，在5个区已经种植了200 000棵树木（《规划纽约：进度报告》，2009：3）。

（8）更新与利用。整个城市有很多地方已不再适合原来的预期用途。《规划纽约》提出改变不用的学校、医院和其他过时的市政地点用作新的住房建设（《规划纽约》：23）。规划还呼吁清理和使用整个纽约市多达7 600英亩的污染的棕色土地（《规划纽约》：41），提出"使现有的棕色土地项目更快和更高效的战略，以创造纽约市整顿补救指南，并建立促进城市棕色地带规划与重建办公室"（《规划纽约》：44）。并且，正如我们所看到的，规划要求使水供应系统清洁并开放纽约水路供居民使用（《规划纽约》：51-69）。

（9）规模。《规划纽约》重视为城市、街道、空闲和未充分利用的地方、建筑和屋顶标准作规划，但几乎完全忽视了另一个重要的规划规模：社区。Angotti（2008，a，b，c，d）写道：另一个缺失的元素是区域，包括3个州，数以百计的市和成千上万的独立检查机构。可能令人难以置信，但是当城市是区域人口和土地的一小部分时你怎么能降低城市的碳足迹？当泽西岛和康涅狄格扩大高速公路时城市如何减少交通？而从泽西岛一侧又如何看待在垃圾焚化炉中焚烧城市垃圾？即使开始区域讨论的任务是非常艰巨的，但纽约市是最重要的球员，并且是最有可能揭开序幕的球员。

总之，从生态形态的角度评估《规划纽约》，正如表5-2所示，揭示了规划积极促进紧凑度与密度、提高混合土地使用、可持续运输、绿化及更新与利用率。它的缺点在于被动式太阳能设计和多样性规划。

表5-2   规划纽约的生态-形态矩阵

设计概念（原则）	纽约规划
密度	1.低 2.中 3.高
多样性	1.低 2.中 3.高
混合土地利用	1.低 2.中 3.高
密实度	1.低 2.中 3.高
可持续交通	1.低 2.中 3.高
被动太阳能设计	1.低 2.中 3.高
绿化	1.低 2.中 3.高
更新与利用	1.低 2.中 3.高
规划规模	1.低 2.中 3.高
总分	

5.3 结论及给规划者与决策者的建议

本章利用提出的概念框架来评估《规划纽约》，揭示了规划的重要优点和缺点。令人高兴的是，该规划促进更大的紧凑度和密度，提高混合土地使用、可持续交通、绿化及更新与利用未充分利用的土地。最后，规划创建了促进其实现气候变化目标并为经济投资创造一个更清洁环境的机制，提供了一个雄心勃勃的减排30%及"更环保、大纽约"的愿景，并把这一愿景与国际气候变化议程连接起来。在不利因素方面，评估显示《规划纽约》没有彻底转向适于气候变化与适应的规划，并未能充分说明纽约市社会规划的至关重要的问题。像其他城市一样，纽约在解释应对气候变化不确定性的社区能力方面存在"社会分化"，并且该规划未能解决弱势群体面临的问题。而且，该规划要求利用一种综合方法来在制度层面上应对气候变化的挑战，但未能有效地把公民社会、社区与基层组织整合到规划过程中去。另一个关键的缺点，特别是在当前气候变化不确定性高的时代，是在整个纽约市社区及不同的社会群体与利益相关者之间缺乏一个公众参与规划过程的系统程序。实际上，该评估框架似乎是阐释城市规划优缺点的有效的、建设性的手段。它也是一种易于评估的方法，该方法很容易被学者、从业人员和决策者所理解与应用。根据当前气候变化的不确定性，规划者必须深刻反思并修改传统规划方法的程序与范围。

基于上述《规划纽约》的评估，本章总结出以下结论：

（1）像世界各地的其他城市一样，纽约市的居民、生态、经济及城市结构与空间正处于风险之中，并且由于气候变化参数的改变面临着日益增长的不确定性。

（2）鉴于这些不确定性，有必要反思并修改传统规划方法的概念、程序和范围。为了应对气候变化带来的挑战，规划需要一种更协调、更全面与多学科的方法，因为在我们现代历史上如此巨大的不确定性背景下的规划是前所未有的。

（3）利用所提出的概念框架来评估纽约市的《规划纽约》，提供了一种有益的、容易掌握、有效和建设性地阐释规划优缺点的手段。

（4）规划方法。

①《规划纽约》是一项旨在应对气候变化的战略规划。值得注意的是，在制定规划的问题、理由、展望和目标设置中气候变化发挥着核心作用。该规划的结果也是以气候变化为导向。

②《规划纽约》是一项物理定位的规划，主要专注于重建基础设施，促进更大的紧凑度和密度，提高混合土地使用、可持续交通、绿化及空地与棕色地带的更新和利用。

③《规划纽约》运用综合规划方法，利用新都市主义、以公共交通为导向的开发（TOD）、可持续发展、减缓并检验制度政策的优势。规划建议使用纽约市自然资本资产的有效方法，并特别关注为纽约提供更清洁及更可靠电力的战略。规划创建了许多机制来促进其实现气候变化目标，并为经济投资创造一个更清洁的环境。

（5）评估揭示了《规划纽约》的一些优点。它为规划城市的物理维度提出了有效措施。根据生态形态，它促进了更大的紧凑度和密度，提高混合土地使用、可持续交通、绿化、更新与利用。关于不确定性的概念，它解决了与气候变化相关的未来不确定性的制度措施，并提高纽约市的适应性规划能力。《规划纽约》建议使用纽约市的自然资本资产的有效方法，并特别关注为纽约提供更清洁和更可靠电力的战略。从生态经济学的角度来看，该规划创建了许多机制来促进其实现气候变化目标并为经济投资创造一个更清洁的环境。最后，《规划纽约》提出了一个雄心勃勃的减排30%并创造一个"更绿色、大纽约"的愿景，并把这一愿景与关于气候变化和可持续性的国际话语与议程连接起来。

（6）根据评估，《规划纽约》有三个主要缺点。第一个缺点是未能充分解决对世界上最多样化的纽约市至关重要的社会规划问题。《规划纽约》未能有效地解决公平问题，诸如社会正义、多样性、种族和经济隔离等。规划还未能解决由于气候变化所导致的弱势群体问题。纽约市在解释应对气候变化不确定性、物理与经济影响及环境危害的社区能力方面存在"社会分化"。

（7）《规划纽约》的第二个缺点与规划的适应战略有关，它只强调减排，并未能为城市及其由气候变化转型所造成的潜在灾难的物理基础设施做好准备。不幸的是，《规划纽约》没有彻底地转向气候变化与适应的规划。因此，很明显，《规划纽约》的作者似乎没有吸取其本该吸取的与卡特里娜飓风一样严重的教训。

（8）该规划的第三个缺点是，尽管《规划纽约》在制度层面呼吁应对气候变化的综合方法，但是未能有效地把公民社会、社区和基层组织与规划程序整合起来。缺乏全市社区及不同社会群体和其他利益相关者之间的公众参与的系统程序，特别是在当前气候变化高的不确定性时代，这是一个关键的缺点。

（9）我们可以借鉴应用《规划纽约》提出的评价框架的另一个重要教训是，当为气候变化制定规划时，规划者不能忽视八个评估概念中的任何一个。框架不是不相关概念的简单聚集，它们是相互关联的，每个概念在评价中扮演特定的角色并影响其他概念。基于《规划纽约》中的改进措施，纽约市肯定是"更绿色"，但为了真正成为"更大的城市"，规划者必须更好地吸收其主要法宝——社会-文化的多样性和城市的居民——参与规划程序并践行规划。

5.4　给规划应对气候变化规划者的建议

（1）规划应对气候变化（PCCC）是在当代城市规划中一种新兴的方法，旨在应对气候变化的影响，适应城市对未来的不确定性，并保护居民不受环境危害。气候变化在阐述问题、愿景与目标设定及结果中起到了核心作用。PCCC在视野上及应该涵盖的问题上具有全局性，并在其规划方法上具有综合性与多学科性。值得注意的是，通过增加关于未来条件不确定性的另一个维度，气候变化给城市规划带来了挑战（Rosenzweig及Solecki，2010b）。事实上，"由于气候系统的演变特性，气候变化带来进一步的不确定性，对城市生活以及适应战略的未经检验的有效性的许多方面产生潜在影响"（Rosenzweig and Solecki，2010a：14）。

（2）本章建议，纽约应该大大更新其《规划纽约》并把飓风"桑迪"的教训努力融入纽约市的规划中去。城市绿化和种植成千上万的树木并不足以让城市面对未来气候变化的影响而更有弹性。由于存在足够的适应措施的关键需求，因此，应对气候变化的规划应该制定适当的适应政策，并且规划者应该优先处理适应性问题。规划者必须更好地理解气候变化给基础设施、家庭和社区带来的风险（Jabareen，2012）。为了解决这些风险，规划者要处理两种类型的不确定性或适应管理：①事前管理，采取行动来减少和/或预防风险事件；②事后管理，采取行动弥补危险事件后的损失（Heltberg et al.，2009）。

（3）规划应对气候变化应该使用一种包容的、适当的、公众参与的有效方法。而且，规划应对气候变化必须解决脆弱社区当前与预测的需求。所有社会里的个人和团体比其他社会更处于危险之中并缺乏适应气候变化的能力（Schneider，2007：7-19）。人口、健康和社会经济变量影响个人和城市社区面对与应对环境风险和未来不确定性的能力。这些变量影响风险的减缓、响应及从自然灾害中的恢复（Jabareen Ojerio et al.，2012；Ojerio et al.，2012）。因此，社会经济薄弱的群体更容易受到包括财产损失、人身伤害及心理压力的负面影响（Ojerio et al.，2010；Fothergill and Peek，2004）。因此，气候变化在城市层面的影响需要更多包容的公众参与的程序，以确保未来规划考虑诸如环境正义、脆弱性及个人与社区的特定需求等重大问题。

（4）目前，在城市层面没有应对气候变化的单一规划方法。因此，规划应对气候变化需要利用和整合各种规划方法，旨在实现其综合目标，因而可以利用新都市主义、以公共交通为导向的开发、可持续发展、减缓、适应、评估和监控政策的优势。

总之，规划在城市层面应对气候变化的影响中扮演着很重要的角色，所以，气候变化问题应在未来城市规划决策中发挥重要作用。显然，气候变化及其产生的不确定性挑战了传统的规划方法的概念、程序和范围，并创造了重新考虑与修改当前规划方法的需要。因此，规划应该是面向处理不确定性而不是改变传统的规划方法。

参考文献

Angotti, T. (2008a). The past and future of sustainability June 9. In Gotham Gazette: The place for New York policy and politics. http://www.gothamgazette.com.

Angotti, T. (2008b). Is New York's sustainability plan sustainable?" Hunter College CCPD Sustainability Watch Working Paper. http://maxweber.hunter.cuny.edu/urban/resources/ccpd/ Working1.pdf.

Angotti, T. (2008c). Is New York's sustainability plan sustainable? Paper presented to the joint conference of the Association of Collegiate Schools of Planning and Association of European Schools of Planning (ACSP/AESOP), Chicago.

Angotti, T. (2008d). New York for sale: Community Planning confronts global real estate. Cambridge, MA: The MIT Press.

Angotti, T. (2010). PlaNYC at three: Time to Include the neighborhoods. Gotham Gazette: The place for New York policy and politics. http://www.gothamgazette.com.

Fothergill, A., & Peek, L. (2004). Poverty and disasters in the United States: A review of recent sociological findings. Natural Hazards, 32(1), 89-110.

Gehrels, W. R., Kirby, J. R., Prokoph, A., Newnham, R. M., Achertberg, E. P., Evans, H., et al. (2005). Onset of recent rapid sea-level rise in the western Atlantic Ocean. Quaternary Science Reviews, 24(18 19), 2083-2100.

Heltberg, R., Siegel, P. B., & Jorgensen, S. L. (2009). Addressing human vulnerability to climate change: Toward a 'no-regrets' approach. Global Environmental Change, 19(2009), 89-99.

Holgate, S. J., & Woodworth, P. L. (2004). Evidence for enhanced coastal sea level rise during the 1990s. Geophysical Research Letters, 31, 1-4.

Jabareen, Y. (2006). Sustainable urban forms: Their typologies, models, and concepts. Journal of Planning Education and Research, 26(1), 38-52.

Jabareen, Y. (2008). A new conceptual framework for sustainable development. Environment, Development and Sustainability, 10(2), 179-192.

Jabareen, Y. (2012). Planning the resilient city: Concepts and strategies for coping with climate change and environmental risk. Cities, 31, 220-229.

Kern, K., & Alber, G. (2008). Governing climate change in cities: Modes of urban climate governance in multi-level systems. In Competitive Cities and Climate Change, OECD Conference Proceedings, Milan, Italy, 9 10 Oct 2008 (Chap. 8, pp. 171 196). Paris: OECD. http://www.oecd.org/dataoecd/54/63/42545036.pdf.

Marcuse, P. (2008). PlaNYC is not a "Plan" and it is not for "NYC". Available from http://www.hunter.cuny.edu/ccpd/repository/files/planyc-is-not-a-plan-and-it-is-not-for-nyc.pdf.

New York City. (2009). http://www.nyc.gov/html/dcp/html/neighbor/neigh.shtml.

NPCC—New York City Panel on Climate Change: Climate Risk Information (2009). Available at http://www.nyc.gov/html/om/pdf/2009/NPCC_CRI.pdf.

NPCC—New York City Panel on Climate Change: Climate Risk Information (2009), Pais, J., & Elliot, J. (2008). Places as recovery machines: Vulnerability and neighborhood change after major hurricanes. Social Forces, 86, 1415-1453.

NY Metro APA—The New York Metro Chapter of the American Planning Association (2007). Response to the Bloomberg Administration's PlaNYC 2030 long term sustainability planning process and proposed goals. http://www.nyplanning.org/docs/PlaNYC_2030_response_final_3-14-07.pdf.

NYS. (2013). NYS2100 Commission: Recommendations to Improve the Strength and Resilience of the Empire State's Infrastructure.

Ojerio, R., Moseley, C., Lynn, K., & Bania, N. (2010). Limited involvement of socially vulnerable populations in federal programs to mitigate wildfire risk in Arizona. Natural Hazards Review, 12(1), 28-36.

Paul, B. (2010). How 'Transit-Oriented Development' Will Put More New Yorkers in Cars. Gotham Gazette: The place for New York policy and politics. http://www.gothamgazette.com

Paul, B. (2011). PlaNYC: A model of public participation or corporate marketing? http://www.hunter.cuny.edu.

PlaNYC 2030 (2007) PlaNYC 2030: A greener, greater New York. In The City of New York. New York: PlaNYC.

PlaNYC 2030. (2014). http://www.nyc.gov/html/planyc/html/about/about.shtml.

PlaNYC: Inventory of New York City Greenhouse Gas Emission. (2009). Mayor's office of long term planning and sustainability. New York: City Hall. www.nyc.gov/PlaNYC2030.

Priemus, H., & Rietveld, P. (2009). Climate change, flood risk and spatial planning. Built Environment, 35(4), 425-431.

Rosan, C. D. (2012). Can PlaNYC make New York City "greener and greater" for everyone?: Sustainability planning and the promise of environmental justice. Local Environment, 17(9), 959-976.

Rosenzweig, C., & Solecki, W. (2010a). Introduction to climate change adaptation in New York City: Building a risk management response. Annals of the New York Academy of Sciences, 1196, 13-17 (Issue: New York City Panel on Climate Change 2010 Report).

Rosenzweig, C., & Solecki, W. (2010b). New York city adaptation in context (Chap. 1). Annals of the New York Academy of Sciences (Issue: New York City Panel on Climate Change 2010 Report).

Rosenzweig, C., Solecki, W. D., Hammer, S. A., & Mehrotra, S. (2010). Cities lead the way in climate-change action. Nature, 467, 909-911.

Schneider, S. H., Semenov, S., Patwardhan, A., Burton, I., Magadza, C. H. D., Oppenheimer, M., et al. (2007). Assessing key vulnerabilities and the risk from climate change. Climate change 2007: Impacts, adaptation and vulnerability. In M. L. Parry, O. F. Canziani, J. P. Palutikof, P. J. van der Linden, & C. E. Hanson (Eds.), Contribution of Working Group II to the fourth assessment report of the intergovernmental panel on climate change (PP. 779 810). Cambridge, UK: Cambridge University Press.

Schwab, J. C. (2010). Hazard mitigation: Integrating best practices into planning. Planning Advisory Service Report Number 560. Chicago, IL: APA—American Planning Association.

Solecki, W. (2012). Urban environmental challenges and climate change action in New York City. Environment and Urbanization,24,557–573.

Solecki, W. (2014). Urban environmental challenges and climate change action in New York City. Environment and Urbanization,24,557–573.

Swart, R., Biesbroek, R., Binnerup, S., Carter, T. R., Cowan, C., Henrichs, T, et al. (2009). Europe adapts to climate change: Comparing national adaptation strategies. PEER Report No 1.Helsinki: Partnership for European Environmental Research. Vammalan Kirjapaino Oy,Sastamala. Available online: http://www.peer. eu/fileadmin/user_upload/publications/PEER_ Report1.pdf.

US Census Bureau (2009). American Community Survey: 2009 Data Release. http:// www.census.gov/acs/.

van Leeuwen, E., Koetse, M., Koomen, E., & Rietveld, P. (2009). Spatial economic research on climate change and adaptation. A literature review. Knowledge for climate programme. Utrecht University. Available at http://www. kennis-voorklimaat. nl/nl/25222685KVK_Nieuws. html? opage_id=25222957&location= 17222180632169871,10314425,true,true.

第6章

全世界风险城市的规划实践

6.1　引言

风险城市理论表明，风险认知上的重大变化将主导不同的实践。这个前提建立在新的风险增强了认识上的不足，并且弥补该不足需要评估行动与实践。"气候变化带来威胁的知识"的出现已经对世界各地城市水平的新实践做出贡献，正如，为应对当代城市所面临的风险而引入新型的城市规划与规划实践所反映的一样。

近年来，为了减少温室气体排放并适应预期的、尽管是不确定的气候变化的影响，许多城市都已经使用主要的、战略性的行动规划努力应对气候变化。这些最近发布的城市规划的重要价值源于这样的事实：他们是目前在指导、描绘愿景与指引城市未来增长与发展上，促进了综合、实用一体化以及协同应用的唯一工具，同时处理了气候变化带来的许多不同风险。

要着重强调的是，城市在应对气候变化问题上高度相关。国际社会以及当地与国际环境公民社会相关的气候变化论述都在指望城市在应对气候变化中发挥主导作用。这种期望的前提有三个主要因素，第一是：依照我们当今城市的规模，城市将成为未来几十年国内绝大多数人的家园。然而在1950年，地球上只有29%的人口居住在城市，今天这一数字已经达到了51%，到2050年估计全球人口的70%（约63亿人）将生活在城市地区（UNDESA，2011）。第二是：当今城市已成为温室气体排放的主要来源并承担超过70%的全球能源有关二氧化碳排放的责任（WRI/WBCSD，2014）。第三是：气候变化给城市人口及其社会、经济、生态和物理系统带来的显著风险（IPCC，2014），影响城市安全甚至还威胁到城市居民的安全与健康（Barnett and Adger，2005；Leichenko，2011；Rosenzweig et al.，2011）。毫无疑问，城市作为区域实体代表着今天应对气候变化挑战的最有希望的工具与尺度之一。

因此，许多城市提出新的气候变化行动规划，这是在城市层次上付出巨大努力应对气候变化风险的结果。主要意义在于，他们将在欧洲和世界其他地区塑造与城市生活有关的空间、社会、经济和安全方面发挥作用。通过这些气候变化导向的规划，许多城市，特别是在发达国家，现在正通过大量的实践努力克服气候变化，旨在减少温室气体排放并适应那种预期的尽管是不确定的气候变化的影响。

尽管这些规划具有里程碑式的意义，但是，分析家还是要在国家和跨国层次上评估其性质与影响或者它们对环境和社会的可能影响。到目前为止，有关城市活动的评估还没有进一步超越与城市规划有关的气候变化的报告——诸如ARUP的C40报告（2011）及Broto与Bulkeley的气候变化与安全报告（2013）——建立在不是收集自城市规划的信息基础上，而只是关于城市层面上所进行的一般活动与实验。

尽管如此，我们目前既缺乏必要的实证分析基础去确定城市有可能实现的减排规模，又缺乏关于过去的足够证据，显示什么排放已有减缓措施或者没有尚未进行的减缓措施（Kennedy，2012）。另一个重要的问题在于，积极应对气候变化，城市是否正以合适的方式通过充分减少排放量并提高其意愿与适应措施来应对气候变化所带来的不确定性和威胁。对这个问题的任何回答的一个重要组成部分，——迄今为止文献所忽视的部分——必须是对整个城市减缓与适应的政策的评估，正如在他们的主体战略规划中所反映的那样。基本前提是，城市规划在与气候变化影响的斗争中拥有无可匹敌的潜力。

　　学者们在重要性的理解上似乎意见一致：当今城市正规划着如何有效应对气候变化的影响并促进可持续城市环境及向增强的城市弹性转变（Bicknell et al.，2009；Bulkeley，2013；Romero-Lankao and Qin，2011；Rosenzweig et al.，2010；Vale and Campanella，2005）。然而，当谈到城市，我们仍处在设置研究议程和制定问题的过程之中，是到了该得出过去二十年已经实施措施的特殊与一般影响结论的时候了。此外，尽管最近发布了规划的重要性及规划形成过程中已经投入大量的公共资源，但是我们对规划仍然知之甚少，并且还没有开始研究规划并评估规划的影响。

　　因此，本章需要探索的关键问题是关于最近气候变化导向规划的性质、愿景、实践及潜在影响。他们试图要解决什么样的风险？他们要着手什么类型的实践？以及他们要应用什么类型的方法？他们充分解决了所带来的风险和不确定性吗？他们如何为全球努力减少温室气体排放做出贡献？按照有关欧洲及国际公约讨论中的城市有下列正确的行动措施吗？本章我们也考虑规划是否解决或排斥公平与社会问题并反映社会议程。回答这些问题将使我们理解世界的城市是否正以负责任的方式与气候变化的风险和不确定性做斗争，或者，作为一种选择，未能有效地应对气候变化的挑战而成为居民的死亡陷阱。

　　本章的目标是通过采用规划气候变化（PCCC）的评估方法，填补文献上的不足，这一点上，正如我们在前一章所看到的，规划气候变化是由乌托邦愿景、适应、公平-正义与规则、城市治理、生态经济学及减缓六个主要概念所组成。

　　为了便于分析起见，我们从世界各地挑选了10个城市规划。这个样本的组成是基于这样的前提：应该包括大城市（所有选中的城市在人口方面都是大城市，并且6个是国家首都），包括发达国家和发展中的城市，并且最近发布和批准了未来几十年城市规划的城市。本章将按照PCCC评价的6个概念介绍分析这10个城市规划。在下一章将广泛介绍纽约市的规划，因此虽然规划本身的有些方面将在本章提到的表格内会涉及，但是本章不再对其多作解释。

6.1.1　乌托邦愿景

从风险城市的角度来看，我们的城市规划正在寻求对风险的认识，激发对愿景及规划工作的积极性。看起来，每一个选定的城市规划都提出了一个长期愿景，一直延伸到2020年、2030年并进一步延伸到未来。一些城市把其愿景主要建立在来自气候变化的风险和不确定性的基础上，而其他城市则提供了应对诸如"与增长及城市扩张相关的其他威胁"的愿景。随着城市化与经济增长、人口压力、贫困和就业、住房、社会经济条件、经济发展及与气候变化有关方面的变化，规划也会发生变化。

根据《巴黎气候保护规划：应对全球变暖的规划》（2007），"巴黎市一直致力于到2050年该地区管辖的区域及其自己的特定活动在2004年的水平上减少总排放量的75%（p.9）。这一承诺通过2005年7月的能源政策规划与定位法案而纳入法国法律。在此基础上，该规划认为，"接下来的半个世纪将标志着文明的深刻变革"，反映了其旨在减少人类活动的"内在风险"。该规划还强调了这样一个事实："巴黎市和巴黎人的住房很容易受到气候变化的伤害，并且相应的城市管理已经决定开始讨论所需的必要的调整策略。"热浪是构成脆弱性的主要问题，其次是塞纳河的洪水风险。这一愿景表现在旨在应对这些风险所提出的各种实践。

关于2031年目标年，《伦敦规划：大伦敦空间发展战略》（2011）在过去十年已经采用了不同的版本。当鲍里斯·约翰逊（Boris Johnson）在2008年第一次就任市长时，他的顾问们强烈建议他完全取代2004年的伦敦规划。因此，上任后不久约翰逊宣布全面审查伦敦规划，形成了2011年正式出版的替代规划。有趣的是，"市长"这个词在整个规划中出现了577次，约翰逊表示，规划是一种谋划城市未来的强大的政治工具及一项重大的任务。在规划的前面，约翰逊市长表达了他对伦敦市的设想如下：

伦敦市愿景包含两个目标：伦敦作为全球影响力的三个商业中心之一，必须保留并依赖其世界城市地位，伦敦必须成为世界上适于生活的最好的城市之一。我们需要足够的住房，满足多样化的需求。无疑要珍惜当地独特的需求。我们的社区必须是人们感到安全、感到自豪的地方（伦敦规划，2011：6）。

规划的总体设想，正如约翰逊如下说明的愿景，把伦敦描绘成一个为全世界提供示范环境责任的城市，有助于通过其规划实践推动国际减少风险。规划认为，"伦敦应该是全球城市中的佼佼者——为其所有的居民和企业扩大机会，实现最高的环保标准与生活质量，并且在应对21世纪的城市挑战特别是气候变化挑战的途径上引领世界"。基于这一宏伟的愿景，伦敦规划继续确定了6个更详细的关于城市未来的目标，旨在确保伦敦是：

（1）"一个满足经济和人口增长挑战的城市"。

（2）"一个具有国际竞争力和成功的城市"。

（3）"一个多元、强大、安全与容易接近的城市"。

（4）"一个有喜悦感的城市"。

（5）"一个在改善环境上成为世界领袖的城市"。

（6）"一个为大家提供舒适、安全、方便的工作、机会、设施的城市"。（伦敦规划，2011：6）

除了环保责任的主题，发展是伦敦规划愿景的另一个主要概念，这要求社会经济和空间发展以增强城市的国际竞争力，并且帮助弥补城市所面临的来自社会经济与空间威胁的不足。该规划的前提基础是，城市日益增长与多样化的人口及"日益增长与永远变化的经济"，持续的贫困与匮乏问题并存，"唯一谨慎的道路是为持续的增长制定规划"（p.28）。最终，为了实现市长的城市愿景，管理增长和变化将"跨越伦敦的所有部分，以确保在当前大伦敦的边界内没有发生：①蚕食绿化带或伦敦受保护的开放空间。②对环境产生不可接受的影响"（p.33）。

巴塞罗那的愿景也强调国际竞争和环境的责任。在环境领域，巴塞罗那市的《能源、气候变化和空气质量规划2011 2020（PECQ）》认为，该市目前面临的风险来源于气候变化及其他环境的威胁。"考虑到海平面上升、饮用水供应波动及海上风暴，城市基础设施处于风险之中，而人口受到日益增长的全球气温、热岛效应、随之而来的空气质量下降及热浪的综合影响"（p.30）。有鉴于此，由巴塞罗那市议会领导的规划，旨在"大约2020年把巴塞罗那定位为一个高度竞争性的城市"，并为公共管理提供战略工具，以提高本地公民的健康，同时通过提高能源效率与减少温室气体排放以及其他影响的污染物来改善地球的健康（2010：9）。

2010年批准的《莫斯科2025年总体规划》提出愿景，莫斯科及其人口将享受类似于其他欧洲主要国家的生活标准，并且借助俄罗斯联邦首都莫斯科的愿景，将经济发展成为融入全球经济的全球化城市。据官方数据显示，截至2009年1月1日，莫斯科的人口达10 509 000人。莫斯科大约是7%俄罗斯联邦人口的所在地，而其国内生产总值（GDP）占到20%。规划提出，"积极的人口发展趋势是：出生率增长、死亡率减少、预期寿命增加"。然而，根据规划，莫斯科所面临的威胁是与增长和扩张有关，并且其"问题在发展交通、工程和社会基础设施的过程中恶化了"。通过展示"总体规划的需求"与"必要性"，"将严格确保安全可用的建筑工地，分配规范的、目标明确的建筑工地，并且一方面为保证安全而确定必要的市政工程建设量，另一方面为市政建设提供预算融资"（莫斯科总体规划2025；莫斯科市政府；Ludmila Tkachenko，2013）。在该规划中，增长和扩张是作为规划莫斯科未来的总体战略组成部分而提出的。2012年7月1日，莫斯科管辖地正式从107 000公顷扩大到255 000公顷，并且增加大约250 000人，使莫斯科人口达近1 200万人。通过合并南部和西部的领土扩大城市，包括21个自治市和两个市区。

《北京总体规划2004　2020》是在2005年1月由中国国务院批准的，其出发点是，"北京必须采取更广泛的世界视野来理解积极开发过程的动态性"，因此"必须按照世界城市的标准发展，同时参与更高层次的全球秩序"（北京总体规划，p.9）。总的来说，该规划侧重于经济发展以及北京市在全球舞台上更具竞争力。为此，规划指出：北京作为首都，必须促进"进一步发展"，把"十二五规划"作为"促进首都科学发展"的重要举措。规划还强调需要遵循"第17届中央委员会五中全会精神并牢牢把握科学发展"的主题（p.15）。有趣的是，这个详细规划反映了20世纪前几十年现代主义的理想，当时国家把精力放在"战胜自然"及促进进步上，而没有考虑环境的外部因素和影响。正是基于这种精神，《北京总体规划2004—2020》的目标是"把北京建设成为世界城市"（p.16），并总体促进 "人文北京、高新北京、绿色北京"（第1部分：17）。同时，该规划旨在通过其提供的服务促进北京成为一个"国际影响力"的城市。

像上述愿景一样，《2008安曼规划：大都市增长》也旨在适应到2025年的安曼预期增长。

安曼的愿景是实现"一个有效的城市""包容性和多元化文化的城市""投资和游客的目的地城市"以及"一个传统的城市"。只有在列表底部可以看到寻求成为"一个绿色的、可持续城市"及"一个适合于行人的城市"。毫无疑问，安曼规划提供了一个现代主义和经济增长为导向的愿景，并有一个明确的新自由主义导向的议程。事实上，该规划是由约旦国王自己发起的，试图吸引主要来自阿拉伯世界的投资，并要有效引导安曼的经济发展。

《德里的总体规划（MPD-2021）》把目前印度首都面临的城市化进程描述为城市现在和未来所面临的主要风险。在此基础上，德里市的经济增长和城市化管理是其主要问题。德里市城市化步伐和规模空前加快。多年来德里已经发展成为一个城市圈，已经造成巨大的物理环境压力并且污染已经产生了严重的不良影响，使德里市成为当今世界上污染最严重的城市之一。根据规划，德里过去两个总体规划（1962年和2001年）的经验表明，尽管关于各种基础设施服务的预测已经参考了关于人口增长预测和增加城市化的要求，基础设施供给（特别是与水和电相关的设施）并没有与发展速度匹配好，这使2021年规划愿景特别具有挑战性：使德里成为"一个全球大都市和世界级城市，在那里所有的人将从事富有成效的工作，拥有更好的生活质量，生活在一个可持续发展的环境里。"除此之外，这将需要通过规划与行动来迎接挑战：人口增长并迁入到德里，提供足够的住房（特别是对社会弱势群体），以及努力解决中小企业特别是在城市无组织区域的问题。它还必须提供适当的基础设施服务、环境保护、德里市遗产的保护以及与新的复杂的现代发展模式的融合。对于这一切，规划认为，需要在可持续发展、公共和私营部门和社区参与的框架内实现，体现一种精神归属感和一种市民之间的归属感（MPD-2021，p.17）。

2009年圣保罗市减缓和适应气候变化的行动规划指南，是由市政气候变化和生态经济委员会准备并批准，他们提出了一系列举措，构建圣保罗社会各界广泛参与的制度，旨在应对气候变化并改善城市基础设施，提高圣保罗市民的生活质量。该规划的出发点是"气候变化已经被科学证明"，并且"目前的二氧化碳水平高于过去650 000年里地球曾经历的任何水平"。该规划还声称，有迹象表明在至少过去七十年里圣保罗市的气候已经发生变化。圣保罗市记录的最高和最低年平均气温时间系列分析反映了温度升高的趋势。尤其明显的是，平均最低温度在1933至2010年之间发生了变化，平均上升约13.2°C~15.4°C（p.15）。分析还表明，1933年至2010年间总累积雨水量显著增加。在此基础上，该规划称，"为了减少脆弱性，重要的是要正确处理城市所面临的风险类型并建立减缓、适应和管理必要的公共政策"（p.13）。根据有关气候变化风险的"科学"知识，该规划促进了切实可行的战略。例如，为应对气候变化带来的风险，它呼吁通过监测风险因素及实施控制气候敏感性疾病的方案，促进教育，并将"环境健康作为生命发展的关键资源"（p.29）。

2010年批准的《罗马气候变化总体规划》，也被称为第三次工业革命。把罗马转变成世界上第一个后碳生物圈城市的总体规划，是最近在其愿景和做法方面的最雄心勃勃的规划之一。按照其主要作者之一杰里米·里夫金的话来说，其基本假设描述如下：

人类历史上从未发现自己处于这样一个岌岌可危的状态。考虑到现在地球上我们自己的生存环境，越来越多的科学家、政府与商界领袖及公民社会组织都在提出如何反思城市生活的方式，让我们的物种蓬勃发展的同时保证我们的生物伙伴和生态系统的福祉，并维护地球上所有的生命。（p.i）根据这个前提，该规划旨在为罗马准备"从现在到2050年向后碳的第三次工业革命经济转型，并将其变为第一个生物圈时代的城市"（p.i），作为该类的第一个规划，"将重塑罗马，将其融入到周围的生物圈公园之中，为其居民提供一个未来可持续的经济环境"（p.i）。

罗马规划的乌托邦愿景具有全面而深远的影响（p.7）：在21世纪，数亿人将把他们的建筑改造成发电厂，在现场采集可再生能源，将这些能源以氢的形式进行存储，并通过像互联网一样的跨洲际互联电网实现彼此共享电力。开源共享能源产生了协作能源空间，与互联网上的协作社会空间没有什么不同。

第三次工业革命"不仅组织可再生能源，而且还改变人类意识"（p.1）。根据该规划，我们正处在向生物圈意识转型的早期阶段。当每个人负责利用在地球上居住的小范围生物圈里的可再生能源时，我们认识到，生存和幸福取决于在大陆上彼此分享能源，这是彼此不可分割的生态关系。在生态系统里，我们彼此紧密联系，构成了与社交网络一样的生物圈网络。

因此，在如今第三次工业革命的风口浪尖上，共识开始超越国界。我们开始把生物圈看作不可分割的共同体，把我们的同类作为我们的进化家族……一个真正的全球生物圈经济需要全球性的深入参与。我们将需要把物种想象为同人类一样，并准备共鸣文明的基础。此外，罗马的第三次工业革命的愿景将把农业区转变成现代生物圈共同体：一个可以提供食物的区域，同时还可为子孙后代保留当地的区域性植物群和动物群。结合先进的农业生态和生物多样性实践，露天的乡村市场、乡村旅馆和餐馆将以当地美食为特色，并促进地中海饮食的生态效益和营养效益。（p.6）

虽然没有作为本章的一部分提出来，但是我们注意到，纽约市的规划所提出的愿景（将在以下章节讨论），呼吁把纽约市发展成为一个"更绿色的大纽约"，充分适应本地与全球气候变化的规划需要，解决未来发展的核心问题。

总而言之，表6-1是10个抽样城市愿景的主要概念。考虑到不同的出发点，规划可分为三个基本类别：（1）第一类城市承认目前气候变化给其城市与人类造成的威胁并宣布他们对地方与地区、对他们的城市和全球的责任。该类城市，包括巴黎、纽约、巴塞罗那、圣保罗及罗马，实际上具有清晰的气候变化风险导向的愿景。（2）第二类城市主要关注经济增长和扩张，城市的规划并不关注气候变化，尽管气候变化给城市的经济增长

与经济发展带来风险。这一类城市包括北京、莫斯科和安曼。(3)第三类
包括城市的关注点主要是社会(比如穷人的贫困与住房)、环境(在术语
中,传统意义上的意义,不是关于气候变化而是关于健康与干净的水),
以及物理的城市(如基础设施和新城市的建立)。在案例中,德里仅仅作
为这类城市的代表,旨在寻求解决贫困、休闲、棚户区居民住房及社会经
济贫困群众安居乐业的问题。

表6-1　　　　　　　　　　　10个抽样城市愿景的主要概念

城市	气候变化风险导向的愿景		愿景的主要概念
	是	否	
巴黎	×		地方及全球责任
纽约	×		一个"更绿色的大纽约",纽约作为世界城市
安曼		×	发展
北京		×	北京作为世界城市,发展导向
伦敦	×		伦敦作为世界城市及全球商业中心,发展导向,环境责任
巴塞罗那	×		地方及全球责任
莫斯科		×	发展导向
德里		×	发展、住房、休闲、棚户区居民和贫困。传统环境的术语
圣保罗	×		环境问题
罗马	×		能源

6.1.2　适应

从风险城市的角度来看,适应是关于"强化"和保护居民以及城市社
会、经济、物理和环境基础设施不受任何未来的威胁,并做好准备应对各

种脆弱性与不确定性。我们在这方面的主要问题是如何规划促成适应政策和措施？适应的概念由不确定性、适应性措施和城市脆弱性矩阵三个部分组成。如表6-2所示，没有任何城市在其包容性、总体性及战略性的城市规划中已经认真采取适应措施。

表6-2 不确定性、适应性措施和城市脆弱性矩阵

城市	不确定性		适应性措施		城市脆弱性矩阵	
	是	否	是	否	是	否
巴黎	×		有限			×
纽约	×		有限			×
安曼		×		×		×
北京		×		×		×
伦敦	×		有限			×
巴塞罗那	×			×		×
莫斯科		×		×		×
德里		×		×		×
圣保罗	×			×		×
罗马	×			×		×

相比之下，巴黎、伦敦、纽约拥有先进的有限适应措施，他们之间只有微小的差异，但是没有任何城市已充分解决与气候变化有关的不确定性及其预期的局部影响。经过深思熟虑的规划也缺乏对不确定性与威胁的有效分析及不确定性规划方案，并且没有任何城市提供了城市脆弱性矩阵分析。巴塞罗那的规划对能源进行了空间分析但未能解决特定社区和小区的各种威胁。伦敦规划（2011：23）承认，"一些气候变化是不可避

免的……"但是，该规划解释说，"规划不可能预测这些变化将如何影响伦敦的。具体地说，在伦敦规划期间很可能越来越多地感觉到这种影响的变化方向和速度。"此外，英国政府最近的气候变化预测表明，到2050年伦敦夏天平均温度将增加2.7°，冬季平均降水将增加15%，并且夏季平均降雨量在1961年至1990年基准上将减少18%。在此基础上，该规划认为，伦敦必须做好应对气候变暖的准备，气候可能在冬季明显潮湿，而夏季更干燥。因此，适应气候"将包括确保伦敦做好迎接热浪及其影响的准备，并处理'城市热岛'效应"的结果。规划还承认"热影响将对伦敦生活质量产生重大的影响，特别是对那些使用最少的资源并且生活住宿不适应的人们"（伦敦规划，2011：23）。随着海平面的上升，伦敦市还将经受洪水泛滥的可能性日益增加。更高和更频繁的潮涌、泰晤士河和其他河流的洪峰流量显著增加，而且更多的地表水泛滥也将会是一个问题。伦敦重要和紧急的很大一部分基础设施也可能面临洪灾带来的更大风险，特别是如果伦敦经历2031年的预期增长的话。目前，在泛滥平原上已经有150万人和大量房屋。气候变暖引发的另一个问题将是水资源日益短缺（伦敦规划，2011：24）。

尽管《伦敦规划》的发展"受到全面的综合影响评估（IIA）"，但是它采用了传统的评估方法，对城市社区和街道所面临的不同风险和威胁没有给予足够的重视。IIA满足法律要求进行可持续性评价（SA）（包括战略环境评估-SEA）和栖息地监管评估（HRA）。IIA还包括健康影响评估（HIA）、平等影响评估（EqIA）及社区安全影响评价（CsIA）的相关方面，旨在确保满足《犯罪与骚乱法案-1998》及最近颁布的《警察与司法法案-2006》的法定要求。规划认为适应政策应该是"确保建筑物与更广泛的城市领域随着变化的气候来进行设计，鼓励城市绿化——保护、加强和扩大城市的绿地存量以帮助凉爽城市的部分地区，以及对洪水风险进行持续管理与规划"（p.29）。这样，伦敦规划提出了有限与常规的适应措施并未能解决不确定性情景。

巴黎规划要求采取适应措施来应对热浪，热浪的特点是"给巴黎带来相当的大风险"（p.60）。规划还提出了应对洪水的适应措施，"将影响

3 000 000人，需要疏散270 000人并剥夺1 000 000人的电力、供暖和生活热水。它将阻碍巴黎经济持续几个月时间"（巴黎规划，63）。

北京计划确定的不确定性与气候变化风险无关，但与经济问题无关。正是在这样的背景下，该计划呼吁城市面对日益增长的外部不确定性因素，"解决这种焦虑感……观察这些不确定性并妥善处理它们"（北京总体规划：13）。由北京总体规划中确认的"不确定性"并不与气候变化风险相关，但与经济问题有关。正是在这样的背景下，该规划呼吁城市要面对越来越多的外部不确定性因素，"解决这些忧虑感……观察这些不确定性并妥善处理它们"（北京总体规划：3）。

6.1.3 公平-正义与规划

公平代表了广泛的社会问题，包括城市的正义与权利，是理解风险城市及其实践的一个基本概念。公平通常与规划的三个主要方面有关，特别是PCCC的：公众参与规划程序、社会要素和正义或公平。我们对所选择的10个规划城市的分析表明，在所有规划中（对发达城市和发展中城市都一样），公众参与极其有限。巴黎规划没有直接的公众参与，在规划过程中并不涉及城市的街坊与社区。参与仅限于规划的公开情况介绍、"发帖子和电子邮件。"小事花园是一个名为"《可再生能源的使用方法：第二十一世纪的巴黎》"的公共展览的场所，吸引了100 000名游客，提出了应对气候变化挑战的具体解决方案（巴黎规划，2007：6）。2006年秋天，关于气候变化的一段内容被增加到巴黎的城市网站上，巴黎市后来报告说，"已经收到将近250个如何应对全球变暖想法的帖子"（巴黎规划，2007：6）。此外，从2006年6月到2007年1月，巴黎市内当地所有的"区"市政厅举行演讲与讨论，结果表明"当地超过1 000人提出讨论应对全球变暖的建议"（巴黎规划，2007：6）。在制定纽约规划中也采用了可比较的"公众参与"方法。巴黎规划的规划方法是建立在温室气体计算的基础上。为此，2004年巴黎市发起了一项研究，以计算在巴黎地区的自身服务和其他活动的温室气体排放量（巴黎规划，2007：5-6）。规划是在与顾问研习想法的基础上进行的，正如在对气候变化有直接影响的八大主要领域举行研习班所反映的那样：建筑、经济活动、交通、消费、合作、适应气候变化、教育和意识。在2006年市政府完成的碳审计（Bilan Carbone）基础上，研习班提供了每个部门的排放量数据。这些研习班之后，巴黎市发表了一份气候白皮书，提出了行动领域的共同愿景。《巴黎气候保护规划》反映了市政府对回应社区表达看法的承诺（巴黎规划，2007：5-7）。

　　尽管伦敦规划的总体愿景关注到不平等的问题（例如，指出伦敦市不同地区的预期寿命存在差距），作为首要内容已在第一章有所涉及（Chap.1：14），但是缺乏合适的公众参与程序。2009年10月至2010年1月就规划进展进行了正式的公开评论，并收到944个官方、开发者、团体和个人的回应，总共有7 166个不同意见。此外，一个由国务卿任命的独立小组提出124条建议。这类公众参与程序是"旨在反映英国政府批准的《关于信息获取、公众参与和环境准入正义的奥胡斯公约》的原则"（规划简介，11-12）。尽管市长表示，希望看到"该规划被他们（自治市和社区）利用作为本土化资源，帮助他们制定并实施满足其需求的本地化方法"，但伦敦面积加起来还是超过了各部分之和（p.8），伦敦的街道和社区没有以合适的方式参与到规划过程中来。根据伦敦规划，当评估当地社区的需求时，特别要注意卫生与健康不平等、住房选择、混合与平衡社区、社会基础设施、卫生与社会保健、教育、体育设施，改善伦敦所有的街道与社区、包容性环境和当地开放空间的机会。

　　关于住房供应的决策，该规划包括呼吁使用一种新方法，支持市长的"管理与协调伦敦可持续住房增长的战略责任及优先顺序"，并认识到"住房供应对其经济、社会和环境的优先权的重要性"以及"伦敦作为一个单一房地产市场的地位，同时也更多地采用一种自下而上的、参与和协商一致的办法"（Chap.3，10）。对于少数民族和移民，伦敦规划声称：自1988年以来城市人口每年都在增长，而且人口将继续增长到2031年。按照2011年的速度，预计到2026年伦敦市人口将增加到857万人。越来越多的移民和育龄居民已经迁往城市，造成自然人口增长强劲。伦敦的人口还将继续多元化。按照规划，由于自然增长及不断来自海外移民的结果，"黑人、亚裔和其他少数民族社区预计将强劲增长"（p.17）。该规划还承认，伦敦市的儿童、工作年龄的成年人及养老金领取者的收入贫困率要高于英国的其他地方，考虑住房费用后伦敦市四分之一的工作年龄成年人和41%的儿童生活在贫困之中。"因此，伦敦是一个日益两极分化的城市"并且"贫困往往倾向于地理集中"（伦敦规划，2011：22）。这些人口统计数据支持关键的专业性与道德性主张：设计与制定规划的过程应该涉及少数民族。在某些情况下，该规划要求居民参与，正如重建情况一样："市长希望通过重建计划来显示当地居民、企业和其他合适的利益相关者的积极参与"（p.61）。在公正方面，伦敦规划（2011：73）认为，"市长致力于确保所有伦敦人享有平等的生活机会。满足所有伦敦人的需求和扩大机会，并在适当的地方解决困难，满足特定群体与社区的需求，这是解决整个伦敦不平等大问题的关键"。类似于其他城市，《巴塞罗那规划》也通过专业会议使用有限公众参与方式来制定。根据规划，为了确保公众、合作伙伴及与能源事宜相关的行业参与，提出了许多工作会议，确定新规划所需涵盖的内容。这一过程及其所确定的重点领域，设定了引导规划发展的方向。在《安曼规划》的制定过程中，公众参与极为薄弱，当地社区几乎没有参与这一过程。当我们考虑到在社区层面的规划干预并为安曼228个现有社区提出规划建模时，这种缺乏公众参与的问题就显得尤为突出，要注意的是"为这些社区制定的社区规划将提供最高水平的规划细节，包括详细的区域划分和当地公路网"（p.25）。

《北京总体规划2004—2020》代表了一种极端的自上而下的规划方法，因为它是中央政府，特别是中国共产党中央委员会确定了规划的性质及其愿景、战略、过程和结果。在这种背景下，北京市政府的作用主要扮演着中央政府的"执行者"（Zhao，2011）。该规划明确反映了党的指导作用，规划表述如下：

我们将自觉贯彻党中央关于北京工作的一系列重要指示精神，以科学发展为主题把转变经济发展模式作为我们工作的主线（北京规划，第1部分：17）。

《莫斯科总体规划2025》也是一种特殊的自上而下的规划过程与程序，没有留给公众参与的空间。莫斯科市杜马颁布莫斯科市法律《莫斯科总体规划》及《莫斯科市土地所有制及开发的规则》。莫斯科市政府也决定由负责规划的莫斯科市建筑与城市规划委员会来实施法规。《德里市的总体规划（MDP-2021）》引用"民主程序和法定义务"的原因，是为了"获得公众意见后准备规划草案"以及"还包括由当地机构、德里国家首都辖区政府、公共部门机构、专业团体、居民福利协会、民选代表等参与广泛磋商的预规划阶段"（p.18）。不幸的是，公众、城市的贫困社区及其各种社会团体没有纳入到规划过程。根据程序，2003年城市发展部发布了《关于准备制定德里总体规划—2021的指导方针》，尤其强调了需要探索土地组合、私人部门参与及灵活的土地利用与开发规范的替代方法。2005年3月16日公报通知征求关于总体规划草案的反对意见和建议，并于2005年4月8日在报纸上公示。"对此，大约收到7 000条的反对意见/建议，这些意见与建议应由咨询董事会来考虑，咨询董事会主持了17个场合并还提供了约611人组成的个人听证会。"最终，"城市发展部按照收到的建议与意见考虑这项提议……并最后批准了目前形式的《德里总体规划2021》"。

尽管如此，《德里的总体规划》包含了一些重要的社会要素。首先，规划确定根据规划发展的最重要的要素之一是为城市不同类别的居民提供充分的精心策划的避难所和住房。就这一点而言，在制定MPD-2021过程中观察到定量与定性的缺乏和不足（p.18）。该规划确定了两大需要解决的挑战："未经授权的殖民地现象及棚户区居民/违章建筑定居点。""这一现实"，该规划断言，"必须不仅以其目前的表现而且根据未来的增长和扩散来处理"（p.18）。像许多其他的深思熟虑的规划一样，罗马规划也涉及使用研讨会及公众的最低限度参与。尽管如此，规划似乎也提供一些社会优势：即通过使商业企业降低能源费用及其碳排放来增加其资产的价值，并在应对能源价格上涨的长期影响下享有更大的安全保障。在社会层面上，整个欧洲各地的证据证明，国内能源效率可以大大降低家庭能源成本，特别是对低收入家庭而言。

总之，如表6-3所示，莫斯科和北京的规划制定几乎没有公众参与，并且公众参与制定其他规划也非常有限。

表6-3   城市规划中的公共参与

城市	公共参与			城市管理转型	
	没有	有限	合理	是	否
巴黎		×		×	
纽约		×		×	
安曼		×			×
北京	×				×
伦敦		×			×
巴塞罗那		×			×
莫斯科	×				×
德里		×			×
圣保罗		×		×	
罗马		×			×

6.1.4　城市治理

　　风险城市框架有一个假设：新的巨大风险的出现将导致城市与城市规划调整其城市治理，更好地应对由此产生的威胁和不确定性，有效整合所涉及的许多股东，并最终实现该规划所提出的政策和做法。然而，如表6-3所示，所选择的规划几乎没有反映出城市治理的转型，以及所涉及城市打算采用哪种方式处理正在新出现的风险。唯一出现轻微变化的城市是巴黎、圣保罗和纽约，所有这些城市都提出新的机构来处理风险的一些方面。《巴黎规划》提出为巴黎市建立一个地方能源机构，该机构将发挥网络和监控作用，努力汇集公共和私营部门的资源，并提供技术支持。此外，该机构将鼓励积极参与成为巴黎市的一部分，法国区域当局、法国环境与能源管理局（ADEME）和其他感兴趣的社区通过社团之间的相互合作参与项目（pp.66-67）。另一方面，《北京规划》反映了很少关注关于气候变化的问题。根据赵（2011：27）的观点，"北京正在主导中国努力降低能源强度，但目前还没有具体的气候行动和政策。"正是自上而下的治理体制确保了地方政府在国家气候政策之前采取减缓当地气候变化政策的痛苦压力很小。目前，大多数当地城市规划专注于能源效率的提高、能源结构的变化及可再生能源的发展。

支持批准的政策的实施，城市立法提供的计划奠定了法律基础学院和咨询机构称为市气候变化与生态经济委员会，由市、州政府，代表公民社会，流行的实体，与企业和学术界。这些工作组自愿合作的结果，作为圣保罗市减缓和适应气候变化行动计划的指导方针，得到了气候变化和生态经济委员会的批准。考虑到气候变化影响的信息和知识至关重要，在这一前提基础上，圣保罗的规划要求改进知识和信息传播的领域。为此，该规划要求产生在圣保罗市政当局管辖的不同流域的高时空分辨率的气候变化情景，在该地区的所有观测平台之间实现数据共享，并且开发多媒体通信技术去宣传关于空气质量、洪水与潜在灾难的具有必要速度和有效性的预警信息，为保护生命与物质及金融商品而做出必要的决策。为支持实施所批准的政策，城市立法提供了规划的法律基础，建立了一个被称为气候变化与生态经济市政委员会的集体组织和咨询机构，该委员会由圣保罗市和州政府、公民社会、公众实体、商业和学术领域的代表组成。作为圣保罗市减缓和适应气候变化行动规划的指导方针，已经得到气候变化与生态经济市政委员会批准。

6.1.5 生态经济学

在资本主义经济中，风险城市应该使用"绿色经济"或"生态经济学"，总体上来引导减少风险的实践，特别是当代气候变化带来的威胁。然而，很少有规划和城市能充分促进这一战略。一些新自由主义的倡导者认为，这项事业应该留给市场本身，而且规划不应该干预。如表6-4所示，城市之间通往绿色经济的途径存在变化。《巴黎行动计划》呼吁改善政府和私人部门之间的伙伴关系，以"促进经济活动，促进创造与气候变化做斗争的就业机会。"

表6-4   城市规划中的生态经济学

城市	生态经济学			
	几乎没有一个	低水平	中水平	高水平
巴黎		×		
纽约			×	
安曼	×			
北京	×			
伦敦		×		
巴塞罗那			×	
莫斯科	×			
圣保罗			×	
罗马				×

安曼的规划显示没有任何绿色经济的方法，清晰地反映出其主要目标是利用分区来促进经济发展的事实。北京的规划是面向经济发展，表明没有关注生态经济学原则，正如在其声明中所反映的"我们将率先形成创新驱动的发展格局，通过显著增强我们的竞争力并改善服务国家发展的功能来提高我们的综合经济实力"（北京总体规划，Part I：21）。北京规划本着同样的精神，承诺"为促进首都的经济发展迈向更好、更快、更高水平，将推动产业升级，加强消费与投资"（北京总体规划，Part II：41）。与这两个规划不同，圣保罗的规划为低碳城市经济的发展制定了指导方针，并要求研究自然资源保护所提供的环境服务的支付形式，以及为鼓励利用可再生能源而提出的经济与财政激励措施的可行性。这需要提出可持续性的经济与财政激励措施并创立减缓与适应气候变化的基金（p.29）。

根据罗马规划（p.12），欧洲正迈向第三次工业革命，欧洲内部的气候减缓成本在2030年可能需要高达GDP的0.5%。对于罗马来说，投资规模可能会有所降低，接近GDP的0.3%。同时，提高能源效率有可能减少罗马的生活费用，从而将大量资源重新注入到当地经济，用于其他生产性投资。按照当前能源价格，如果罗马实现其单位国内生产总值提高能源效率 20% 的目标，城市每年将节省 8 亿欧元（以 2008 年欧元固定价格表示）。假设这些储蓄是按照当前的经济模式消费或投资，每年节约能源可望产生额外 2.3 亿欧元的经济增长。

6.1.6　减缓

虽然"适应"正在保卫风险城市，但是"减缓"已开始对预防风险和威胁的发生做出贡献。减缓有自然资本、生态形态和能源三个主要组成部分，它们与预防相关：

6.1.6.1　自然资本——温室气体减排水平

在这方面，自然资本关注空气质量和温室气体的减排水平，其范围从 0 到 70%。《巴黎行动规划》的目标"非常雄心勃勃"，目标是到 2020 年将城市温室气体排放减少 25%（与欧洲 20% 目标的相比）。《伦敦规划》力争到 2025 年将伦敦整体二氧化碳排放减少 60%（低于 1990 水平）（p.140）。《伦敦规划》还承认这样一个事实：英国是世界上第八大二氧化碳排放国，而伦敦承担了这些排放量的 8.4%（根据最近的年度评估达 4 471 万吨）。2008 年巴塞罗那签署了《欧盟市长公约》，承诺到 2020 年将二氧化碳排放量减少 20%、能源效率提高 20%、确保可再生能源占 20%。

与巴黎、伦敦、巴塞罗那的规划不同，北京、德里和安曼的规划没有提供关于减排的数字。北京规划只是陈述"北京将做出更大的努力来应对污染和减少污染排放"，并且北京将全面执行《清洁空气行动计划》（Part VI：185）。

德里规划也没有提供温室气体减排的目标数据，而只是承认"空气质量一直是许多呼吸道疾病、心脏疾病、眼睛发炎、哮喘等疾病的主要原因。"德里空气污染的两个主要来源是车辆排放（约占 70%）和工业排放（约占 20%）。除了工业造成的污染外，规划与干预的主要领域与交通规划有关。随着城市汽车数量的显著增长（占过去二十年绝对增长的 800%~1 000%），与公共交通工具的可用性相比，在拥堵与污染的背景下最重要的方面是与个性化的交通增长有关。德里市私人汽车的巨大份额给道路空间和停车造成了巨大的压力，无论是直接还是通过堵塞都产生了大量的污染（p.110）。

6.1.6.2 能源：能源规划转型

尽管能源是世界各地许多近期规划的主要概念和减缓气候变化的关键概念，但是一些城市已经加大了能源规划的工作力度，而另外一些城市则将其排除在外。巴黎规划提出了一个目标，即在使用可再生能源的基础上减少25%的能源消费，以及市政服务和街道照明的能源消费减少30%，可再生能源在能源结构中占30%的份额。为此，该规划设置了"低能耗建筑"的总体目标，并提出每年新建运营净面积的最大一次能源消费（即对于取暖、热水、照明、通风、空调）50千瓦时/平方米（kWh/m²）及每年翻新建筑物的净面积的最大一次能源消费80千瓦时/平方米（kWh/m²）。此外，规划提出了在三年之内对3 000个公共设施进行热审计，并要求推出一项更新其建筑存量的规划，包括建筑物供热维修、供暖与通风设备的更新、减少电力消耗、改善街道照明管理及增加可再生能源在能源消费中的份额。巴黎市也努力促进到2050年改造其100 000个建筑物。此外，与区域市政局、巴黎法兰西岛大区的法国建筑联合会（FFB）、巴黎及近郊的小建筑商贸易机构（CAPEB）、巴黎建设与公共工程部门的联盟合作企业，以及国家住房改善局（National Housing Improvement Agency，ANAH）协作，巴黎市已经决定起草一份合作协议，鼓励巴黎人实施具体、有效的应对气候变化工作。以节能减排为例，已经建立了节能证书系统，以达到法律规定的降低能源强度的目标。北京规划提出了"优化能源结构"，并宣布"将大幅度增加使用天然气等清洁能源，减少煤炭消费量，严格控制烟雾污染"（北京总体规划，Part VI：186）。该规划还保证提升"消费模式以积极应对气候变化"。然而，尽管发布了这些声明，但是在实践中规划未能充分解决这些目标。

伦敦规划宣布，该市市长已制定了适应气候变化、减缓气候变化及能源管理的战略，以及与废物管理、空气质量、水和生物多样性等有关的战略。规划概述了具体政策，如改造、开发更分散的能源网络、可再生能源、创新能源技术、适应天气变化、城市绿化（包括绿色屋顶），以及促进可持续供水与废物管理等。根据规划（p.138），伦敦面临的最大挑战"是改善现有建筑物存量（其中80%仍将存续到2050年）以减轻与适应气候变化"。为此，规划主张：市长将与自治区及开发商协同工作，以确保主要发展符合建筑物二氧化碳减排的下列目标。这些目标表达了对国家建筑法规中描述的最低改进的目标排放率（TER）：2016年引导零碳住宅建筑和2019年零碳非家庭建筑（p.141）。

伦敦规划还指出，"鼓励能源效率的重要性超越气候变化的影响因素"、"一个经济不断增长的城市，更多的家庭与工作需要可靠的、可持续的电力和天然气的供应，以便于为家庭、办公室和其他工作场所、交通网络和休闲设施提供动力。"为此，规划寻求增加可再生能源发电的比例，并宣布，"政府已通过了2020年可再生能源生产占英国能源总量的15%的目标"，并且"这些预测代表了伦敦的2020年及其以后目标的贡献"（p.150）。《圣保罗的规划》要求提高建筑物和电子设备的能源效率，以促进可再生与分布式能源的发电，并优先考虑使用新能源。规划还提出通过项目，开发利用可再生能源；通过新技术的可行性研究，提出采取新能源和利用城市固体废物能源的激励措施（p.41）。此外，基于本市的实际情况和潜在的社会-环境影响，该规划还促进和鼓励在市区新的和现有的建筑物中使用自然资源的效率标准（p.45）。罗马的第三次工业革命的总体规划是建立在提高能源效率和日益稀缺资源的最大效用的基础上。根据该规划，第三次工业革命的四个支柱是（p.7）：

第一，扩大再生产和利用可再生能源——聚集着我们星球上可用的丰富能源：无论阳光、风力、生物及垃圾都是可以利用的。

第二，在利用建筑物作为发电的情况下，今天的消耗化石燃料生产大量碳的家庭住宅、办公室、学校、工厂，明天就可能成为可再生能源的发电厂。

第三，氢能和其他储存技术的发展——在太阳不发光或无风的时候，储存过剩的能量。

第四，转向智能电网与插电式汽车——开发一种既智能又灵活的新能源基础设施和交通系统。巴塞罗那规划的战略目标是能源导向，并且旨在"在加泰罗尼亚地区、西班牙和欧洲的层次上，用当前能源的内涵来定位巴塞罗那，并用新目标和行动计划来重新界定其能源战略"，以"建立与能源战略完全协调的关于气候变化和空气质量的城市战略",并要"提高认识""营造一种所有参加设计与执行新计划的机构都参与的氛围"。为此,该规划旨在提高能源效率、降低城市能源消费、减少温室气体(GHGs)排放的增加,并改善城市空气质量及能源供应的质量。2002年,巴塞罗那市议会批准了《2001 2010年巴塞罗那能源改进规划(Barcelona Energy Improvement Plan for 2001—2010,PMEB)》,一个市政行动计划涉及一系列的项目和措施,旨在提高能源效率、减少温室气体排放,并利用可持续的能源提高能源生产。

巴塞罗那规划提供了一种规划城市能源方面的创新方法。其方法论提供了大量的新要素与主题,更新了具体排放和提高能源效率的因素。它们包括污染物的空间分布、公民关于能源利用的观点、巴塞罗那空气质量的研究(模拟污染物的分散及检测它们的来源)、城市车辆的分类及其污染物排放水平以及根据规划实施所涉及的新的商业机会、新就业机会的经济分析等。其他新要素包括港口和机场对城市经济与环境影响的研究、依照国际上的应用方法更新不同污染物的排放因子、产业能源效能分析、公共建筑和设施部门的详细研究以及能源供应安全的研究(p.26)。巴塞罗那规划还应用许多工具,深入研究不同部门的能源效能并把所有部门分析的结果综合成为一个单一的工具(P.26)。所使用的关键应用如下:

(a)地理信息系统(GIS):一种把大型数据库与区域坐标联接起来的工具,以生成可以描绘地图或促进地理区域分析的地理参考数据库。

(b)污染物扩散模型:以碳排放清单为基础,利用污染物扩散模型以及在研究区域中可能发生的化学反应来分析空气质量。

(c)城市综合分析模型:从能源与温室气体排放的视角出发,利用城市综合分析模型可以进行城市及城市类型学的分析。

(d)项目和分组方案的分类工具:为了确定方案、决定优先级、把环境影响措施可视化,并随着时间的推移把应用项目模型化,就要按照不同的标准对规划的项目进行分类、排序和分组。

(e)建筑物的热仿真模型:便于进行建筑物热量需求与消费的动态分析(利用建筑类型学)。

（f）经济模型：考虑对巴塞罗那的经济预测而进行模拟。

（g）检测和分析城市车辆的工具：该工具按照技术和环境的标准，使用应用操作系统读取牌照，把车辆进行分类。

6.1.6.3 生态形态

如前一章中所述，生态形态由几个子要素组成。一般来说，它促进和重组了交通系统，使之更紧凑、密集、绿色、可重复使用和可持续化。减缓措施包括：能源、温室气体排放目标及生态形态，见表6-5。

表6-5 减缓措施包括：能源、温室气体排放目标及生态形态

城市	减缓					
	能源		温室气体排放目标		生态形态	
	可再生能源	无	减少（%）	目标年	是	否
巴黎	25%		70 25	2050 2020（2004年基线）	×	
纽约	20%（2020） 60%		30	2050（2005年基线）	×	
安曼	0		0			×
北京	0		0			×
伦敦	15%		60	2025（1990年基线）	×	
巴塞罗那	20%		23.45	2020（2008年基线）		
莫斯科	4.5%（2020）		0			×
德里	0		0			×
圣保罗	69%		20	2020（2005年基线）	×	
罗马	20%		20		×	

《巴黎的气候保护规划》包括《巴黎运输规划》所推荐的措施，特别从巴黎交通的角度鼓励减少温室气体排放。此外，按照《法国巴黎大区的地区区域发展和主体规划（SDRIF）》目标，该规划要求巴黎市优先重视其所涉及项目的密集开发。这样做的目的是控制城市扩张，限制城市的生

态影响，通过提供合适的公共交通和"软"运输的替代办法，限制使用私家车（巴黎规划，p.37）。安曼规划是一种传统的土地使用分区规划，包含"高楼大厦""走廊强化战略""工业化土地政策""边远定居点政策""机场走廊规划"及"都市增长规划"等一系列规划。为了最好地利用现有的服务，规划鼓励集约型城市发展，推动使用先进的交通工具，改善居民出行的可靠性，提高安曼市区及郊区居民在交通方面的支付能力。不过，规划忽视了可持续的交通方式和绿化城市的目标。

北京的规划已经超越了现有的城市边界，主张在北京和周围的农村建立新城。同时，为了实现此目标，呼吁有效利用农业土地及绿色土地。根据规划，"城市开发的重点将转移到新开发区"，并且"将加速建设新卫星城市和相对不发达地区"（Part V：137）。规划几乎忽略了可持续交通和可持续的生态形态空间规划模式的概念，而是提出了集约化发展的国家道路网络，类似于二战后欧洲和美国的交通网络的发展。莫斯科规划预计将大幅度增加"个人汽车"的数量，因此也呼吁进行道路开发。

为了到2020年，减少二氧化碳排放量20%、提高能源效率20%，并确保可再生能源消费占能源消费的20%，巴塞罗那规划中有两个主要计划：市政计划项目和城市计划项目。每个项目都有自己的节能、效率、减排和可再生能源使用的目标和战略。市政计划项目把建筑和资源作为目标，这是城市本身的直接责任，并与横向的巴塞罗那市议会的其他规划（如城市交通规划、绿地规划和旅游计划）以及与其他市政参与者一起发挥作用。考虑到市政项目的所有要素（如公共建筑、照明、市政车队和城市服务），2008年消费473吉瓦时（GWh）并排放84 400吨的温室气体，或城市能源消费总量的2.8%。通过23个项目共同构成的市政项目，这些市政消费率为到2020年实现相关排放减少20%提供了一个基准。所有市议会的利益相关者都有机会在规划框架内提出项目建议书，并在参与过程中表达自己的意见。

根据《德里的总体规划》，德里市2021年预计要容纳2 300万人，该规划推荐了"三管齐下"的战略，该战略包括鼓励人口转向新的中心区域（NCR）城镇，通过改造现有城市范围增加该地区的人口容量以及在某种必要的程度上扩大目前的城市范围。在此基础上，《德里的总体规划》确定了在现有城区进行再开发、紧凑化和城市改善的必要性。总体规划的主要创新方面将需要一个综合的重建战略，容纳更多的人口，通过采取拥挤区域的重建措施，伴随着地方层面创造更加开放的空间，强化基础设施（p.18）。总体规划所观察到的另一个挑战是德里汽车的显著增长，这已经造成了各种各样的问题，涉及拥堵、污染、旅游安全、停车和其他需要解决的事情。这样，该规划提议营造一个可持续的物理与社会环境，把提高生活质量作为规划的主要目标之一（p.107）。德里，包括新德里（NDMC区域），包含了大量的住宅、商业和老工业区，它们陈旧，其特点是结构条件差、次优的土地、交通拥堵、城市贫困、基础设施服务不足、缺乏社区设施等。正是在这种背景下，该规划以大规模运输为依据，仔细考虑了城市的重建机制。由相关服务机构编制的有形基础设施的远景规划应该有助于更好地协调和扩大服务。该规划提出了一个再开发和重建的一揽子方案，主要基于：（1）使用附加的建筑容积率（Floor Area Ratio，FAR）激励重建，FAR一直被认为城市发展涵盖所有领域的一个主要因素，鼓励目标再开发地区的再生增长（p.43）。（2）低密度区域的再紧凑化。（3）其他发达地区的再开发。德里的规划提出，通过利用公共、私人/企业部门以及家庭部门的潜力，建设足够的住房存量，确保"人有所居"，特别是对弱势群体和穷人（P.52）。根据预计，到2021年德里市的2 300万人口，将需要额外的240万套居民住宅。为穷人提供住房，该规划提出以下解决方案：现有贫民窟的修复、防止贫民窟扩张的措施、城市贫民总数的50%~55%的住房供应、住房类型的再分类与控制规范以及差异化密度的开发使住房经济可行化。还有，按照政府的政策，使未经授权的聚居区正规化，并将其有效地纳入城市发展的主流。因为已经设计了不同的规范和程序，这将需要基础设施的开发与服务设施的提供。

　　根据圣保罗的规划，"为了改善圣保罗的气候条件，运输工作组提出的主要重点是优先考虑使用集体公共交通，促进能源变化，并增加使用可再生燃料及清洁能源"（p.25）。该规划优先发展非机动车交通并提倡可再生燃料和清洁能源的能源结构。规划还促进了紧凑型城市的发展，旨在寻求"通过城市的干预措施，平衡就业位置与居住地的关系，刺激不同的职业创建不同的区域中心，并重新认证和振兴现有的区域中心，尤其是与高容量的交通网络相结合，以保证更大的运输效率"（p.49）。罗马规划提出的城市形态是独一无二的。就重建而言，该规划要求"现已倒闭的商业建筑变成新住宅街区，使用创新的建筑技术呼应了一些古罗马建筑设计的最好元素。"而且，"周围的新复兴住宅中心将成为绿色工业/商业圈——罗马经济的动力枢纽，为居民提供就近的就业机会。"该规划也促进了罗马的绿化，这将使"包括散布在整个历史街区/住宅核心的、成千上万的小型公共花园……其他成千上万的小花园设置在城市的公共场所。作为长期规划的一部分，罗马将转变为可持续的生态公园。"（p.4）。规划还建议利用城市指定的 80 000 公顷绿色空间（目前现代罗马占了总计 150 000 公顷）发展都市农业，将未充分利用的资源在农业上做得更富有成效，并成为休闲活动和大规模可再生能源发电的地点。

6.2 结论

基于上述所选择城市样本的最近规划的评述，我们可以得出以下结论：

1.城市规划已成为应对总体风险尤其是气候变化所造成风险的极其重要的工具。尽管如此，同样的风险面临在同样的地方通常分别由不同的知识体系来处理，这反映了这样的知识体系还要结合事实来理解，即在同一框架下这些城市规划有能力更有效地解决不同政策和措施所带来的挑战。规划可以使减缓、适应、社会、经济和空间措施与政策结合成单一规划下的综合性焦点。例如，减缓、适应和土地利用规划可以证明在如下这些规划内的协同作用：降低运输能耗和限制接触洪水，或为降低采暖能耗而制定建筑规范，提高应对热浪的稳健性等。这样，城市规划提供了一种协同作用的环境（IPCC，2012），并且最近的城市规划也许可作为迎接挑战所需要的协同作用的工具。这里笔者的主要结论之一是：空间规划对于城市努力应对风险与威胁至关重要。而且，城市规划与开发在应对气候变化的未来影响方面扮演着重要角色，其复杂性和不确定性提出了新的理论和实践的挑战。

2.在规划风险城市的背景下，很明显，不同的风险认知指导并引发了不同城市的不同规划实践。

3.一些城市使用他们的规划来表达其观点，它们必须应付的主要风险是源于气候变化和环境危害的风险。这些城市已经抓住了机会，通过增加气候变化的知识和意识为城市提出新的包容性规划。这样形成的规划要求应对气候变化，同时需要重新规划与重组城市并发展其社会与经济空间。这些规划是最近才发布的，只有少数的几个城市出台，除进一步融合了空间、社会和经济政策外，还促进了规划的实践更具包容性、更认真地对待气候变化的问题。

4.其他城市，笔者认为这是世界绝大多数城市的代表（在俄罗斯、中国和其他发展中国家），他们似乎完全不同地理解风险：也就是说，不是与气候变化有关，而是与未来的增长机会有关。他们关心的事情是扩张、经济发展与国际竞争。即使那些规划把气候变化风险当作主要问题，而"增长"——对于发达和发展中城市大部分规划是个具有魔力的词语——是绝大多数规划的固有使命。因此，伦敦、北京、安曼、德里、莫斯科的规划，以及其他的规划均把扩张和增长作为城市发展的主要概念。

5.城市的增长关心的不是气候变化导向的方向，而是与住房、城市化、运输、物理基础设施重建有关并继续使用传统的规划方法。按照传统的规划方法，笔者所说的规划是关于土地利用、分区、城市空间扩张、交通系统扩张、私人车辆的公路网络的开发以及建立新的工业区，所有这些均没有整合可持续性和气候变化问题的概念。安曼、莫斯科和北京的规划寻求提高经济增长和经济发展，而没有认真考虑环境问题，并且没有为了减少能源和可再生能源的利用而使用可持续交通规划、绿色建筑、新建筑的减缓规范、现有建筑的改造。事实上，这些城市的绝大多数都忽视了可持续规划的方法与措施，在过去的 20 年里（至少是这样）人类一直忙于发展。

6.认真对待气候变化问题的城市已经采取了一系列的减缓措施旨在减少温室气体排放。对于许多规划来说,减缓似乎是一项容易应付的任务。总地来说,这些城市往往倾向于分析城市内温室气体排放源的分布,然后制定减排政策以规定每个单一来源的减排目标。就生态形态而言,规划促进了更简洁和更密集,提高了混合土地使用、可持续交通、绿化以及更新与利用率。

7.尽管如此,上述这些城市在适应过程中既没有生产性,也没有创造性。也就是说,这些城市之间存在轻微的差异,它们在其适应方法上都失败了。必要的结论是,我们的城市并没有竭尽所能地增强自己应对不确定性、气候变化、自然和环境危害的能力。

8.规划未能把公民社会、社区和基层组织有效地整合到制定规划的程序中来。存在的一个重要缺陷是,缺乏一个系统的全城所有社区、不同社会群体和其他利益相关者之间公共参与的程序,特别是在当前气候变化不确定性的时代。

9.为了应对气候变化带来的挑战,在当前的、前所未有的不确定性背景下,规划者需要更协调的、整体的、多学科的方法。然而,迄今为止很少有城市投入巨大努力实现城市综合治理。

10.有些人可能认为,地方政府是在许多约束条件下运行的,造成城市规划代表了一种温和的、阻力最小的路径,因此,我们不应该对规划文档本身赋予更大的信心。笔者认为,在气候变化的背景下应该认真地对待规划,由于规划具有独特的能力,因此,能把减缓、适应、土地使用的政策以及其他相关城市措施整合到一项具有法定约束力的文件:城市规划。

11.在许多国家,国家层面做决策,城市的影响可能受到严格限制。此外,在许多情况下,地方政府不是关键服务提供的利益相关者,如电力公共事业并不是由大多数地方政府来运营的。城市需要提高规划视野,确保服务提供者与地方政府高层来解决这些问题。地方政府只行使由其直接负责明确的管理活动,这些活动通常只占城市总温室气体排放量的一小部分。

12.最终，我们的城市既不合理，也没能有效地完成它们在应对自身居民所面临的风险与不确定性方面应发挥的关键作用。因此，当灾害发生时，这些城市（尤其是大城市）最终可能会成为数百万居民的死亡陷阱。

参考文献

ARUP., & C40. (2011). Climate action in megacities: C40 cities baseline and opportunities. Version 1.0 June 2011. file:///C:/Users/use/Downloads/ArupC40ClimateActionInMegacities% 20(1).pdf

Barnett, J., & Adger, N. (2005). Security and climate change: Towards an improved understanding. Paper Presented at the Human Security and Climate Change Workshop, Oslo, June 21 23, 2005. http://www.gechs.org/downloads/holmen/Barnett_Adger.pdf.

Bicknell, J., Dodman, D., & Satterthwaite, D. (Eds.) (2009). Adapting Cities to Climate Change: Understanding and addressing the development challenges. London: Earthscan.

Broto, V. C., & Bulkeley, H. (2013). A survey of urban climate change experiments in 100 cities.Global Environmental Change, 23(1), 92-102.

Bulkeley, H. (2013). Cities and climate change. London and New York: Routledge.

IPCC (2012). Managing the Risks of Extreme Events and Disasters to Advance Climate Change Adaptation. A Special Report of Working Groups I and II of the Intergovernmental Panel on Climate Change [C.B. Field, V. Barros, T. F. Stocker, D. Qin, D. J. Dokken, K. L. Ebi, M.D. Mastrandrea, K. J. Mach, G.-K. Plattner, S. K. Allen, M. Tignor, and P. M. Midgley (Eds.).Cambridge, UK, and New York, NY, USA: Cambridge University Press

IPCC—Intergovernmental Panel on Climate Change (2014) Climate change 2014: Impacts, adaptation, and vulnerability. http://ipccwg2.gov/AR5/images/uploads/IPCC_WG2AR5_SPM_Approved.pdf.

Kennedy, C. A., Demoullin, S., & Mohareb, E. (2012). Cities reducing their greenhouse gas emissions. Energy Policy, 49, 774-777.

Leichenko, R. (2011). Climate change and urban resilience. Current Opinion in Environmental Sustainability, 3(3), 164-168.

Romero-Lankao, P., & Qin, H. (2011). Conceptualizing urban vulnerability to global climate and environmental change. Current Opinion in Environmental Sustainability, 3(3), 142-149.

Rosenzweig, C., Solecki, W. D., Hammer, S. A., & Mehrotra, S. (2010). Cities lead the way in climate-change action. Nature, 467, 909-911.

Rosenzweig, C., Solecki, W. D., Hammer, S. A., & Mehrotra, S. (2011). Climate change and cities: First assessment report of the urban climate change research network. Cambridge, UK: Cambridge University Press.

Solecki, W. (2012). Urban environmental challenges and climate change action in New York City.Environment and Urbanization, 24, 557-573.

Tkachenko, L. (2013). Moscow's master plan 2025. Moscow: Institute of Moscow City Master Plan. http://www.scribd.com/doc/134535346/Moscows-Master-Plan-2025-by-Ludmila-Tkachenko# scribd.

UNDESA—United Nations Department of Economic and Social Affairs. (2011). World urbanization prospects, population division, UNDESA, and New York city.

Available at www.un.org/esa/population.

Vale, J. L., & Campanella, T. J. (2005). The resilient city: How modern cities recover from disaster. New York: Oxford University Press.

WRI/WBCSD GHG Protocol. (2014). The global protocol for community-scale greenhouse gas emission inventories. http://ghgprotocol.org/files/ghgp/GHGP_GPC.pdf.

Zhao, J. (2011). Climate change mitigation in Beijing, China. Case Study Prepared for Cities and Climate Change: Global Report on Human Settlements 2011. http://www.unhabitat.org/grhs/ 2011.

第7章

风险城市弹性轨迹①

7.1 引言

鉴于我们的城市面临复杂的挑战和我们对人类社会未来的关注，本章提出了关于当代城市弹性的一些关键问题：它们的弹性如何？也就是说，它们准备好应对环境、经济、社会和安全的多重挑战以及未来的不确定性了吗？它们将来会存在多大弹性？或者用不同的方式表述，它有什么样的弹性轨迹？在国际背景下，西方城市的弹性轨迹与环境是否与世界其他城市不同？我们理想的城市应该追求什么样的弹性？我们如何比较不同城市的弹性水平？或许最重要的是，鉴于目前我们的城市面临着各种挑战，我们应该如何理解和分析现在和未来的城市弹性？此外，由于人类活动有助于改变本地和全球的生态系统（Folke et al.，2011；Chapin et al.，2011），因此，为了有助于环境保护与可持续性，城市应该有怎样的弹性？理论上，本章的目的是通过调查城市弹性的现象并提出一个更系统、多学科的概念框架，以理解城市弹性的复杂性并探索其轨迹，从而为这一重要规划领域做出贡献。

---

① © Springer Science+Business Media Dordrecht 2015 Y. Jabareen, The Risk City, Lecture Notes in Energy 29, DOI 10.1007/978-94-017-9768-9-7

文献评述揭示了城市弹性存在明显的理论缺失。直到近年来学者才开始调查并撰写城市的弹性问题。最近，大多数研究针对环境造成威胁的弹性文献都集中在灾区和受灾社区，以及发展中国家的贫困农村社区。因此，现在还没有全面的城市弹性的概念框架，这种框架不仅考虑环境风险，而且考虑社会、经济和安全风险与挑战；也没有任何包含所有这些威胁的评估方法。因此我们没有办法系统地比较不同城市的弹性类型和水平。

7.2 弹性的问题

虽然文献评述揭示了城市弹性是一个重要的新兴学术领域，但是大多数关于这个主题的研究都使用了一般的、含糊不清的、令人费解的术语。它们未能以系统化的方式把这一现象概念化与理论化。因此，本章旨在填补这一理论和实践上的空白，并回答关于城市及其城市社区应该做什么的关键问题，以实现更具弹性的未来。在城市背景下，弹性的概念借鉴了来自生态系统关于应对外部因素引起的压力与干扰方式的研究（Davic and Welsh，2004）。从生态学的角度来看，Holling（1973）可能是第一个界定了弹性概念的人（Barnett，2001；Carpenter et al.，2001），他认为弹性是"一个系统内关系的持久性"及"这些系统吸收状态变量、驱动变量和参数的变化并依然持续的能力"（Holling，1973：17）。换句话说，弹性是"一个系统经历干扰并保持其功能与控制的能力"（Gunderson and Holling，2001）。

最近，这一概念也被应用到人类社会系统（Adger，2000；Pelling，2003；Leichenko，2011）、城市生态恢复（Andersson，2006；Barnett，2001；Folke，2006；Ernstson et al.，2010；Maru，2010）、经济复苏（Rose，2004；Martin and Sunley，2007；Pendall et al.，2010；Pike et al.，2010；Simmie and Martin，2010）、灾难恢复（Colten et al.，2008；Cutter et al.，2008；Pais and Elliot，2008；Vale and Campanella，2005；Coaffee and Roger，2008；UNISDR，2010）以及应对"9·11"恐怖主义后的城市安全与复原（Coaffee，2006，2009）。受生态系统弹性概念的启发，"弹

性意味着一个系统、社区或社会暴露于危险之中需要以及时、有效的方式去抵抗、吸收、适应并从风险影响中恢复的能力，包括保护和恢复其必要的基本结构与功能"（UNISDR，2010：13）。显然，关于这个问题学术研究的显著弱点是缺乏多方面的理论，以及它忽略了城市弹性的多学科性和复杂性的事实。因为城市弹性是一个复杂的、多学科现象，所以专注于一个或少数起作用的因素最终导致局部的或不准确的结论并对这一现象多重原因的误传。Folke 等（2010）认为，弹性是涉及动态的、复杂的系统，其特点是多途径发展、渐进与快速变化的相互作用、反馈和非线性动力学、阈值、临界点及路径之间的转换，以及如何在时间与空间尺度上动态交互（Folke et al.，2011：721）。Godschalk（2003：14）认为，如果我们要认真对待城市弹性，我们就需要以多学科的方式建立城市弹性的目标。Little（2004）认为弹性不仅仅是物理上的稳健性，并且如果局限于一个狭窄的学科将很少能发挥作用。而且，一些学者认为，关键的城市问题"通常被视为独立的问题"，"这经常会导致无效的政策，往往会导致不幸，而且有时还会产生意想不到的灾难性后果"（Bettencourt and Geoffrey，2010）。在这种背景下，Bettencourt 与 Geoffrey（2010：912）认为："考虑到它们不同寻常的复杂性和多样性，提出一种适用于世界城市的预测框架是一项艰巨的任务。"Leichenko（2011：164）认为，城市弹性的研究立足于各种各样的文献，并且"虽然这些不同的文献之间存在很多重叠和交叉渗透，但是每种文献强调城市弹性的不同方面，每方面又集中在城市和城市系统的不同组成部分里"。相关文献的另一个不足与测量弹性、如何评估一般的系统弹性及特殊的城市弹性有关。大多数情况下，弹性测量的文献都集中在生态系统，并提出这种评估的量化指标。根据 Gunderson 与 Holling（2001）的观点，弹性是衡量干扰的大小，这种干扰可以没有经历系统转换就进入到另一种状态，且在该系统内可以吸收并依然持续下去。Carpenter 等（2001）建议衡量社会生态系统（SES）的重点是其能力。看来弹性的概念已经主要用来理解在遭受灾难、发展中国家的农村社区以及为改善生计等领域的生态系统和动态学（Chapin et al.，2009；Eakin and Wehbe，2009；Enfors and Gordon，2008；Folke et al.，2011；McSweeney and

Coomes，2011；Walker et al.，2006；WRI/WBCSD GHG Protocol，2014）。总之，关于测量弹性的文献忽略了城市与普通社区（也见 Castello，2011）。

　　这类处理的一个例子是 2010 年联合国国际减灾战略（UNISDR）发起的名为"让城市具有防灾能力"的新运动（UNISDR，2010）。该活动旨在"促进减少灾害风险、增加公民健康和安全的可持续发展实践的意识和承诺——'投资今天、美好明天'。UNISDR 提出了一种通用的和十个要素的有限范围清单，授权地方政府和其他机构来实施《兵库行动框架（2005—2015）》。此框架侧重于"构建国家和社区应对灾害的能力"（UN/ISDR，2005）。2005 年已有 168 个政府采用这个框架。在《弹性城市》一书里，Newman 等（2009）也仅仅关注弹性的一个方面：石油危机。在这种背景下，他们指出"很少有人考虑这种即时性的危险，这是资源临近枯竭时我们大都会地区面临崩塌的威胁——也就是说，为了减少人类对气候变化的影响，就要减少石油的供应并有必要减少所有化石燃料的使用"（2009：2）。这样，他们的书很少关注城市弹性而更多地关注"日益增长的碳足迹、依赖化石燃料以及不可替代的自然资源的影响对大都市区域提出的挑战"（2009：2）。

　　在《弹性城市》一书中，Vale 与 Campanella（2005）注重弹性的描述、灾难和恢复的象征性维度以及政治重构。他们认为，要理解城市弹性，就要了解人类描述事情的方式，以解释城市重建的意义。Walisser 等（2005）所著的《弹性城市》，是由温哥华工作组为 2006 年世界城市论坛所准备的，探讨了依赖于单一资源产业的加拿大小型社区的弹性，研究它们如何应对广泛停业所引起的经济和社会压力。

　　总之，为了理解城市的弹性以及它们应该如何走向一个更有弹性的状态，今天许多学者所面临的关于城市弹性的重大理论挑战似乎是构建一个多学科的理论，该理论把多样化的城市维度，诸如社会、经济、文化、环境、空间和物理基础设施融入到一个统一的概念框架中。因此，为了理解城市弹性的复杂性，本章旨在通过调查城市弹性的现象并提出一种新的多学科概念框架，填补这一重要领域的理论和知识上的空白。换句话说，为了促进和评估城市的弹性，本章试图构建一个更严谨、细致的基准。

7.3 弹性城市的概念框架

笔者认为一个城市的弹性是与社会、经济、环境和安全的弹性有关。城市弹性是城市面临的环境、经济、社会和安全威胁的弹性的总和。环境威胁由自然灾害和灾难组成，还包括气候变化的影响（如较高的温度和海平面、来自材料和设备增加的压力、更高的峰值电力负荷、交通中断、提高应急管理的必要性）。经济威胁源于诸如行业崩溃、大规模失业和住房危机等一系列原因。社会威胁包括诸如社会经济差距、社会–空间隔离、教派冲突。安全威胁包括暴力和恐怖主义。因此，城市弹性有四个维度（见图7-1）：（a）环境弹性；（b）社会弹性；（c）经济弹性；（d）安全弹性。每个维度指的是城市准备、应对以及从这些威胁中恢复过来的能力。在本书中，笔者专注的城市弹性主要与环境危机以及气候变化的影响与威胁有关。

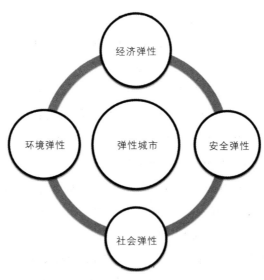

图7-1 城市弹性的维度

在笔者的风险城市弹性轨迹或城市弹性轨迹理论中，采用固有水平的本体论概念以及 Deleuze 与 Guattar 所使用术语概念背后的哲学。笔者的目标是为风险城市弹性轨迹（RCRT）或城市弹性轨迹构建一个概念性框架。RCRT 的概念性框架体现"构建目标"的一种内在水平（Bonta and Protevi 2004：62-63），不是靠"它包含什么而是由相互作用的力量及其可做的事"来界定（Kaufman，1998：6）。在哲学术语中，内在是指"概念空间里存在的行为"（Bonta and Protevi，2004：98）。通过这种方式，城市弹性轨迹的概念框架指的是"一个网络，或一个层面，其中相互关联的概念一起提供了一种对这一现象的全面理解"（见 Jabareen，2009：51）。这个层面是由概念组成的，这些概念"可以从事务的主体与状态中抽象而来"（Bonta and Protevi，2004：31）。然而，一个概念性框架，不仅仅是概念的集合，而应是一个"一致性"概念组成的构想，其中每个概念都发挥着不可或缺的作用并且彼此有内在的联系。这使其能够更好地提供"不是一种因果/分析背景，而是对社会现实的一种解释方法"，并且有助于我们理解它所包括的多重及相互关联的概念（Jabareen，2009：51）。

根据 Deleuze 与 Guattari（1991：15）的"概念"定义，"每个概念由要素组成并为它们所定义"，并且"没有只有一个要素的概念"。这些要素定义了概念一致性，而且是清楚的、异构的、彼此密不可分（1991：19）。每个概念都必须被理解为"相对于自己的要素，相对于其他的概念，相对于所界定的层面，并且相对于它假定所要解决的问题"（1991：21）。同时，每个概念都有自己的来历，并且通常包含"信息量单位"或源自其他概念的要素。换句话说，所有的概念与其他概念之间相互支持，它们总是从某些事情中创建而来，而不能无中生有。

概念性分析方法被用来构建概念框架。该方法是一种具有坚实基础的理论技术，其目标是"生成、识别和跟踪一种现象的主要概念，共同构成其理论框架"（Jabareen，2009）。每个概念在其概念框架内具有自己的属性、特点、假设、限制、不同的视角和具体功能。概念框架构建的方法论描述为以下阶段：（a）筹划选定的数据源；（b）评述文献并对所选数据进行分类；（c）识别和命名概念；（d）解构并对概念进行分类；（e）概念集成化；（f）合成、再合成并使其有意义；（g）验证概念框架；（h）反思概念框架。最初提出的概念框架的结构，以及识别研讨现象的主要概念，均是通过基于坚实理论方法的定性分析过程而产生的，这些坚实理论方法涉及解决环境、社会、文化和城市层面不同学科和研究领域的弹性文献的大量评述与分类，诸如社会学、人类学、公共政策、政治科学、经济学、生态学、地理学及城市规划等。这种广泛的多学科框架旨在确保所产生的理论与尽可能多的学科相关，研究者根据它们所分析现象的方法拓展各自的理论观点。

正如图7-1所示，其分析揭示了概念性框架是由四个相互关联的概念及要素组成。

7.3.1 概念1：脆弱性分析矩阵

这一概念对弹性城市至关重要，意义重大，并且有助于描绘空间与社会经济的未来风险与脆弱性。脆弱性矩阵分析的作用是分析和识别环境风险、自然灾害以及城市未来不确定性的类型、人口、强度、范围和空间分布。此外，这一概念旨在解决危险、风险和不确定性如何影响城市各个社区和各类团体。在气候变化的背景下，脆弱性是指"一个系统容易受到并且无法应付气候变化的不利影响（包括气候变异和极端性）的程度。脆弱性是一个系统的暴露、灵敏性及其适应能力的函数"（CCC，2010：61）。

脆弱性分析矩阵的概念由四个要素组成，它们决定其适用范围、环境、社会、自然和空间的性质。

这四个要素包括：

（a）人口的脆弱性：这个组成部分评估和检查了城市人口和社会经济方面的脆弱性。它假设在所有社会里均存在个人和团体，他们比其他事物更脆弱并缺乏适应气候变化的能力（Schneider，2007：719）。人口、健康与社会经济变量影响个人与城市社区面对和应对环境风险及未来不确定性的能力。收入、教育和语言技能、性别、年龄、生理和心理能力、资源可得性和政治权力以及社会资本等许多变量影响个人和社区的脆弱性（Cutter et al.，2003；Morrow，1999；Ojerio et al.，2010；United Nations Division for the Advancement of Women，2001）。因此，社会-经济薄弱的群体更容易受到负面影响，包括财产损失、人身伤害及心理压力（Ojerio et al.，2010；Fothergill and Peek，2004）。

（b）**非正式空间**：这个概念评估非正式城市空间的规模和社会、经济及环境条件。非正式空间是无计划的、混乱的和无序的（Roy，2010），并假定一个城市内非正式空间的规模和人类状况对其脆弱性产生重大影响。

（c）**不确定性**：这个组成部分对城市脆弱性具有关键影响，并要求对很难预测但必须在城市规划和风险管理中予以考虑的环境风险和危害进行评估。

（d）**脆弱性的空间分布**：这个组成部分评估城市的风险、不确定性、脆弱性和脆弱社区的空间分布。环境风险与危险并不总是在地理上均匀分布，并且一些社区可能比其他社区受到更多的影响。例如，靠近海边的人可能比其他人遭受更严重的海啸影响。绘制风险和危害的空间分布对于现在和未来的规划与管理至关重要。而且，最容易受到气候变化影响的社区通常是那些生活在更脆弱、高风险的地方，这些地方可能缺乏技能、适当的基础设施与服务（Satterthwaite，2008）。

7.3.2　概念2：城市治理

这个概念有助于城市弹性的治理。它关注弹性城市的治理文化、流程、竞技舞台和角色。假定一个更有弹性的城市在规划、公开对话、问责制和协作领域拥有包容性的决策过程。这是一个包括私营部门、各种社会团体、社区、民间团体和基层组织的人以及地方利益相关者参与其中的过程。更有弹性的城市治理能够快速恢复基本服务并在灾难性事件后恢复社会、机构和经济活动。同时，薄弱的治理缺乏从事参与式规划与决策的能力及权限，并且通常将无法满足大量城市人口增加的脆弱性和弹性的挑战（Albrechts，2004；Healey，2007，2010；UNISDR，2010；Dodman et al.，2009）。这个概念表明，为了应对城市和社区可能面临的不确定性、风险和危害，城市治理需要转变。这种转变将使城市管理更综合、更慎重，并体现社会与生态经济的声音。因此，这一概念是由如下三个要素组成的：

（a）**综合方法**：为了提高应对气候变化的城市治理水平并应对环境灾

害和不确定性，需要通过丰富知识、提供资源、建立新机构、促进良好治理、给予更多的地方自治权来扩大和提高当地能力（Allman et al.，2004；Bai，2007；Corfee-Morlot，2009；Harriet，2010；Holgate，2007；Lankao，2007；Bulkeley et al.，2009；Kern，2008：56）。该要素代表了不确定性条件下城市规划与适应性管理的综合框架以及规划提出的合作范围。

（b）**公平**：这个要素包括诸如贫困、不平等、环境正义以及公众参与决策和空间生产等社会问题。因此，它在塑造城市弹性中起着核心作用。

（c）**生态经济学**：这个要素有助于评估城市弹性的经济方面以及城市发生作用的经济引擎以满足气候变化目标，减少环境风险。它表明，在资本主义世界只有环保友好型经济可以在实现城市弹性和气候变化目标中发挥决定性作用。这个想法是为了创造机会来把弹性规划、保护和开发方法整合到城市经济发展决策与战略中来，并在与自然灾害和其他紧急情况相关的投资、保险和风险管理领域中促成改革（NYS 2100，2013：10）。

7.3.3 概念3：预防

这个概念表明，为了具有更大的弹性、更少的脆弱性，城市需要致力于预防城市环境灾害与气候变化产生的影响。这个概念由三个要素组成，旨在防止未来发生巨灾。这些要素评估城市减少危害的减灾政策，涉及城市空间重组以便于为应对未来的环境灾难做好准备，并寻求可替代的清洁能源。这些要素包括：

（a）**减缓**：该要素评估旨在减少温室气体排放（GHG）的政策和行动。

（b）**重组**：这个概念代表了面对社会、环境和经济挑战，城市重塑自身的能力和灵活性。例如，知识经济转型和强调知识的生产、贸易以及扩散已经引发城市特定空间结构的转变（Cooke and Piccaluga，2006）。与此同时，城市不仅准备好应对不确定性，而且改变了它们再造的战略及能力。

（c）**使用替代能源**：假定能源的更清洁、更高效及可再生利用是实现更大的城市弹性的关键（CCC—Committee on Climate Change，2010）。这个概念表明，为了实现减排目标，能源应该基于新的低碳技术。

7.3.4　概念4：不确定性导向的规划

这个概念表明，规划应该是不确定性导向而不是适应传统的规划方法。不确定性导向的规划提出，气候变化及其产生的不确定性向传统规划方法的概念、程序和范围提出挑战，催生了重新考虑和修改当前规划方法的需要。另外，本章不仅承认防灾规划的物理层面，而且提出规划在与不确定因素密切相关方面发挥更广泛的作用。当Abbott说"规划意味着，从本质上讲，控制不确定性也可以采取行动来确保未来，或为预防发生事件而准备采取什么样的行动"时，他就完全承认了规划角色的作用（2005：237）。另外，"由于不完整的个体知识生态系统、生态系统之间的因果关系与交互模式以及社会和生态系统之间的因果关系和相互作用模式，因此，关于气候变化和海平面加速上升的总体影响的不确定性被放大许多倍"（Barnett，2001：2-3）。

不确定性的概念由如下三个相互关联的要素组成：

（a）**适应**：为了应对气候变化，迫切需要包括适应政策的不确定性管理。显然，即使影响的大小和方向是不确定的或未知的，适应气候变化的弹性方法就应该解决不确定性并限制其影响（Wardekker et al.，2010：995；Dessai and van der Sluijs，2007）。适应是修改生态和社会系统的任务，以适应气候变化的影响，如海平面加速上升，以便这些系统可以长期存在（Barnett，2001）。Barnet认为，适应的程度很难掌握，因为它要求分析和干预整个系统。

气候变化带来的新的城市不确定性挑战了规划的概念、过程和范围。为了应对新的挑战，规划者必须发挥更大的作用，并把减缓和适应政策，或实际可能最终提高弹性并减少易受预期气候变化影响的调整作为规划过程的焦点（Adger et al.，2007：720）。当我们采取适应措施时，我们承认气候将继续改变并且我们必须采取措施减少这些变化所带来的风险（Vellinga et al.，2009）。从这个角度来看，适应气候变化必须被视为是必不可少的措施（Vellinga et al.，2009）。而且，适应规划、实践和政策还应该考虑统计的不确定性、方案的不确定性，或者有时要承认无知（Walker et al.，2003）。Wardekker等（2010）认为，"方案的不确定性"源于对未来有限的可预测性，而弹性系统可以应对统计的不确定性。此外，弹性系统应该能够处理一系列连续范围内的情况，而不是只有"一般的"情况。

这个概念除了解决未来气候变化所带来的不确定性的规划战略问题外，还评估了规划的适应战略（事后和事前的）和政策。在规划评估中，为了解释这个概念需要回答以下问题：为了减少脆弱性并使城市更有弹性，规划是否包括设计基础设施开发项目？规划是否提高了城市的适应规划能力，或规划系统的能力是否能成功地应对气候变异和变化？

（b）空间规划：该要素评估规划把城市改变为更有弹性所发挥的作用。"在一个复杂的、不稳定的、动态的、内在不确定的世界里，它是未来'确定性'的条款……"（Gunder and Hillier，2009：23）。因此，规划在塑造环境包括物理安全、环境和社会空间政策的所有方面扮演着更重要的角色，并对城市弹性产生重大影响。

为了减少自然灾害带给社会的脆弱性，规划学者提倡通过土地管理，以及建筑物和场所设计规范来控制危险易发区域的开发（Burby et al. 2000；Godschalk et al.，1999；Nelson and French，2002；Zhang，2010）。然而，规划应该扩大其范围，不仅提供应对风险和不确定性的方法，而且包括风险和不确定性的预测与预期。

（c）可持续的城市模式：一个城市的物理形态影响其栖息地和生态系统、居民的日常活动和空间实践，以及最终的气候变化（Jabareen，2006）。该要素评估了空间规划、建筑、设计、城市理想的生态模式及其要素。笔者（Jabareen，2006）认为以下9类规划或者评价标准，将有助于从生态模式的角度来评估规划：

1.紧凑度：这是指城市毗邻性与连通性。

2.可持续交通：这表明通过减少出行、减少旅行、鼓励使用非机动出行方式、运输导向的开发、所有人的安全与公平以及可再生能源，规划应该促进可持续的交通方式。

3.密度：高密度规划可以节省大量的能源，然而，它可能存在安全问题。

4.混合的土地利用方式：这表明功能性土地用途的多样性，如住宅、商业、工业、机构、运输。

5.多样性：这是一种多维度的现象，促进其他合适的城市特点，包括各种住房类型，不同的建筑密度，适合不同家庭的规模，不同的年龄、文化和收入层次（Turner and Murray，2001：320）。

6.被动式太阳能设计：这旨在减少能源需求并通过特定的规划和设计措施，如定位、布局、景观、建筑设计、城市材料、表面光洁度、植被和水体等，提供被动能源的最佳使用。

7.绿化：这对城市环境的许多方面做出积极的贡献，包括生物多样性、宜居的城市环境、城市气候、经济吸引力、社区自豪感、医疗和教育。

8.更新与利用：这是指回收再利用许多地皮的过程，使不再适合其最初用途的地皮可以用于新的目的，如棕地[①]（图7-2）。

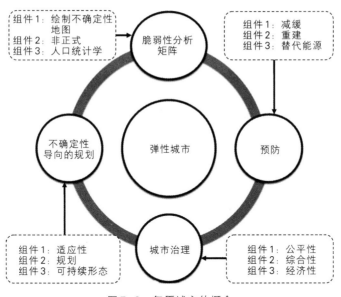

图7-2 复原城市的概念

---

① "棕地"（brownfields）的概念早在1980年美国《环境应对、赔偿和责任综合法》（Comprehensive Envionmental Response, Compensation, and liability Act，CERCLA）中就已经提出，主要是解决旧工业用地上的土壤污染问题。相对成熟的是美国环境保护局1994年的定义：棕地是被遗弃、闲置或不再使用的前工业和商业用地及设施，这些地区的扩展或再开发会受到环境污染的影响，也因此变得复杂。以上解释来自百度百科，https://baike.baidu.com / item/%E6%A3%95%E5%9C%B0/6301043?fr=aladdin。

7.4 城市风险弹性轨迹

笔者结合弹性术语，使用风险城市轨迹的术语，提出风险城市弹性轨迹的概念，用来评估和解释关于特定城市的过去、现在和未来弹性设置的方向、模式和属性。

7.4.1 城市轨迹

术语"轨迹"指的是一种城市弹性的进化路径。这个轨迹不是数学上确定了的路线，而是基于城市弹性的不同阶段以及特定城市不同时间点对所收集的丰富数据和信息的"定性"评估。从一种状态到另一种状态的运动可以表示成一种轨迹，而且从一种弹性状态到另一种弹性的运动可以看成是一种弹性轨迹。"弹性"城市和"非弹性"城市之间的差异将导致不同的轨迹。事实上，轨迹是一种指向（Massey，2003；Jameson，1991），而挑战就是要利用弹性术语建立一种概念性框架，该框架可以"理解"城市轨迹。探讨轨迹的研究很少，而且这些研究并不全面，通常只专注于一个维度。因此，它们忽视了城市的复杂性。这样的著作已经探索了"人口"、"就业"和"石油"的可用性，作为探索城市轨迹各个方面的单一指标。例如，Turok 和 Mykhnenko（2007）使用"人口"作为主要变量探寻欧洲城市近来的轨迹。对他们来说："人口被用来作为城市轨迹的主要指标，其部分原因是数据可用性及与先前研究的一致性。"在关于"城市仅次于石油"的轨迹三部曲文章中，Atkinson（2007，2008）使用石油作为城市轨迹的主要指标。由于"我们依赖的巨大能源生产在短短几年内将开始干涸"，因此，Atkinson 对文明和城市如何崩溃进行了详细的调查研究。他提供了"在未来几十年将最可能演化到崩溃的方案"，并提出我们从影响中可以生存下来的方式（Atkinson，2007）。他总结展望了未来几十年里"现代"文明的崩溃阶段（Atkinson，2008）。

城市弹性现有认识的一个显著弱点是缺少多层面的理论。另一个弱点是它往往忽视了城市弹性与城市轨迹的多学科性、复杂性的事实。因为城市轨迹和弹性是复杂的、多学科的现象，只专注于一个或少数作用因素最终导致部分或不准确的结论。此外，因为我们正处理的是一种多学科的动态现象，并且因为我们关心的是"不可预测的运动或出现的过程和关系"（Hillier，2010：499），该研究与复杂性思维和复杂性方法高度相关。不过，总的来说"没有包罗万象的复杂性理论"（Hillier，2010：499；Urry，2005），也没有接近城市多样性尤其是弹性轨迹的可用方法。此外，复杂性理论要求有广泛且开放的认识论立场和方法策略。正如 Richardson 与 Cilliers（2001：12）所说："如果我们考虑不同的方法，我们应该考虑它们没有给予其中一些方法更高的地位。因此，我们需要数学方程和叙述。也许在某些情况下一种方法比另一种方法更合适，但不应被视为一种方法比另一种方法更科学（Richardson and Cilliers，2001：12）。"换句话说，复杂性意味着方法的多元化（Richardson，2005）。

概念属性的评估：为了评估在塑造城市弹性框架中的每个组成概念的作用，该项研究将根据以下假设与程序提出指标和措施。

● 每个要素包含子概念。这些要素的概念是不同的、成分混杂的，且彼此密不可分（Deleuze and Guattari，1991：15-19）。例如，我们考虑本建议中所使用的空间规划概念的两个要素：（a）规划的范围；（b）规划的性质。

● 每个要素在规模上可以测量。对于空间规划的概念、规划的范围可以理解为介于"机会主义规划"之间的规模，缺乏城市的持续发展愿景及"巧妙的规划"，而"巧妙的规划"精心设计了城市的综合轨迹（见 Boyle and Rogerson，2001：405）。

● 一个要素可以用定性和定量来衡量，取决于其定义和数据的可用性。

● 总的来说，一个特定的概念对一个城市弹性的贡献是其要素贡献的总和。

● 为了持续发展，规模和评估将进行规范化和标准化。

● 每个概念都有一个过去、现在和未来的轨迹，每个要素也一样。在本方案中，每个要素将按照从非常低的弹性贡献到很高的弹性贡献范围来进行设计和测量。

　　风险城市弹性轨迹是一种复杂的现象：非线性、完全的不确定性、结构上的动态性和本质上的不确定性。它会受到一种经济、社会、空间和物理因素的多样性影响，其规划涉及广泛的利益相关者，包括民间团体、地方和国家政府、私营部门和各种专业社区，以及它所影响的城市各个社区和城市居民。按照性质，可行的城市弹性要求"复杂思维与复杂方法"（de Roo and Juotsiniemi，2010：90），并且复杂方法提供了一种我们探寻关于城市未来轨迹形成的真知灼见的合适方法。这也促使我们采取一种更全面的观点（Batty，2007）（图7-3和图7-4）。

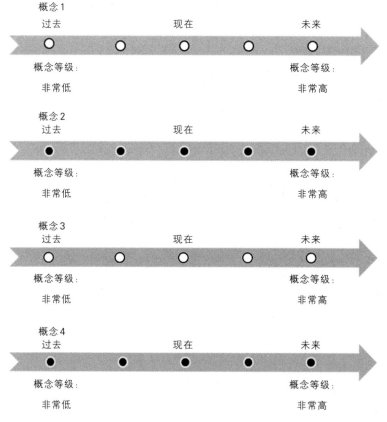

图7-3　概念及其轨迹

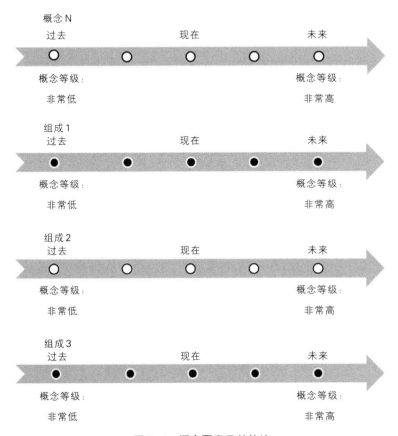

图 7-4　概念要素及其轨迹

　　该框架允许我们计算出每个城市都有多少城市弹性轨迹，而且它使我们能够理解每个特定城市的优点和缺点。

　　为了跟踪城市轨迹，我们假设每个城市都有其社会空间、经济、政治及文化规范与背景。这些规范成为轨迹的社会空间出发"点"。显然，每个城市都有自己的规范，因此有其自己的"历史性"出发点。于是，概念框架及其概念，包括概念的要素，为我们提供了关于目前城市弹性优点与缺点的现有社会空间、环境、经济、治理以及安全环境。概念框架为我们提供了城市弹性过去–现在的趋势，该趋势具有关于未来轨迹的强烈暗示。现有的未来城市规划及社会经济和空间发展，以及应对气候变化及其减缓的规划与政策，为我们提供了关于未来和城市愿景的"暗示"：如果相应的规划与政策得到实施，则我们将会预测到什么。这样复杂背景下的规划为我们提供了城市激励并向我们提出一个不同的未来。这事实上是假定这些规划是存在的。联合国人居署（UN-HABITA，2009）认为，世界上约有一半的城市没有环保规划，而且它们大多存在于发展中国家。该规划被理解并当作城市综合设施的激励器。当规划提出未来的干预措施时，也就被视为对未来的一种模拟，其目的是在改变一切照旧的方向并改变城市的非期望轨迹。

　　显然，代表着城市行为（这是一个混沌系统）的城市轨迹在定量细节上是不可预测的，但其轨迹是可以"定性"预测的（见Protevi，2006），正如本章假定的一样（图7-5）。

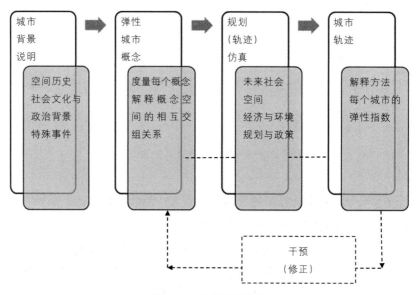

图7-5　城市弹性轨迹

7.5　结论

风险城市弹性轨迹背后的想法是，为了规划不确定的未来，我们的城市必须从过去和现在学习，因为"弹性需要频繁的测试和评估"（NYS 2100，2013：7）。学习应该主要基于我们的经验以及关于脆弱性和适应措施的新知识。风险城市弹性轨迹是承认当前以及未来的脆弱性和风险，并有区别地规划未来。

洛克菲勒基金会的总裁 Judith Robin 针对飓风桑迪（NYS 2100 Commission，2013：7）总结说："我们必须重建得更好、更智能。"他们不容争辩地主张（Robin and Rohatyn，2013：10）：

下个世纪将由我们的社区对迅速变化的气候及其他长期的加速变化的直接和间接影响的适应力来决定。我们将永远无法预测或防止所有的极端事件。但是我们必须不能浪费最近风暴所提供的经验教训和机会，以便于为纽约州制订详细计划，为我们社区未来的不测之事真正做好准备。规划更具弹性的明天可以使纽约州及当地居民采取有效的行动和投资，这将惠及我们社区的今天直至遥远的未来。

为了将来走向更有弹性的状态，弹性城市概念框架解决了城市及其城市社区应该做什么的关键问题。因此，弹性城市框架被定义为一种网络，或理论层面的相互关联的概念，这为城市弹性提供了一种全面的理解。弹性城市框架由四个概念组成。如本章所述，每个概念都由特定的要素来界定其本质并评估其对框架的贡献。每个概念对弹性城市框架的贡献构成了衡量其要素贡献的总和。尽管各种测量技术对其中一些要素可能已经存在，但是在未来研究中应优先考虑一种适合所有要素测量的系统方法。

四个弹性城市框架概念中的每一个概念在弹性城市轨迹框架中都有特定的角色和应用领域，如图7-1和表7-1所示。城市脆弱性矩阵分析聚焦于弹性城市的治理文化、流程、舞台和作用。这个概念很关键并具有重要意义，有助于描绘复原城市空间及社会经济的未来风险和脆弱性。"城市治理"的概念有助于从整体上管理城市弹性，它侧重于城市政策并假设为应对不确定性及未来环境与气候变化影响的挑战，城市治理迫切需要新方法。城市治理提出，综合性治理方法、协商和沟通决策措施以及生态经济学对于我们提高城市弹性有很大的影响。此外，"重建更好的城市要求重点提高弹性：个人、组织、系统和社区更强劲地从压力和冲击中恢复过来"（NYS 2100 Commission，2013：7）。

表 7-1　　　　　　　　　　　　　复原城市的框架

概念	组成	关键问题（措施）
概念 1：城市脆弱性矩阵分析	C1：不确定性	C1：危害及环境不确定性是什么？
	C2：非正式	C2：在城市内或靠近城市的非正式安置点的规模、地理、社会经济、人口及自然的特点是什么？
	C3：人口统计学	C3：城市脆弱性人口按照年龄、性别、健康及其他社会分组的本质是什么？
	C4：空间性	C4：环境危害及风险的空间分布是什么？
概念 2：不确定性导向的规划	C1：适应	C1：要采取的降低风险及处理不确定性的适应措施是什么？
	C2：规划	C2：规划方法如何处理不确定性？
	C3：可持续形态	C3：现存及规划的城市形态类型的特点是什么？
概念 3：城市治理	C1：公平性	C1：谁参与关于环境与不确定性事情的决策与规划？
	C2：综合性	C2：城市治理方法综合了制度、法律、社会、经济及环境方面吗？
	C3：生态-经济学	C3：现存及规划的生态经济学的本质是什么？
概念 4：预防	C1：减缓	C1：要采取的降低风险及为城市未来的环境危害准备的减缓措施是什么？
	C2：重建	C2：旨在面对环境危害及不确定性已提出或规划的空间、自然及经济重建政策是什么？
	C3：替代能源	C3：城市如何解决能源部门的问题，并且制定怎样的降低能源消费及使用新的替代且更清洁能源的战略？

　　"预防"的概念代表了为了有助于预防环境危害和气候变化影响需要考虑的各种要素，它们包括减缓措施、清洁能源调整及城市重建方法。第四个概念，"不确定性导向的规划"，提出规划应该以适应其方法来帮助城市应对未来的不确定性。

　　弹性城市框架，城市弹性和社会弹性的框架，本质上是一种复杂的、非确定性的、动态结构以及不确定性的现象。它受到经济、社会、空间和自然因素及其规划涉及的广泛的利益相关者的多重影响。值得一提的是，本书所提出的弹性城市预防框架（RCPF）并不是一种确定性的框架，而是当考虑其基本概念时可以修改的一种动态的、灵活的框架。

　　根据弹性城市框架，一个弹性城市是由其治理、自然、经济与社会系统及实体的整体能力来界定，它们面临着要认识、提前做好准备、规划不确定性、抵抗、吸收、适应并以及时有效的方式从灾难影响中恢复过来的危险，这些有效方式包括保护并恢复其必要的基本结构和功能。

参考文献

Adger, W. N. (2000). Social and ecological resilience: Are they related? *Progress in Human Geography, 24*(3),347-364.

Adger, W. N., Agrawala, S., Mirza, M. M. Q., Conde, C., O'Brien, K., Pulhin, J., et al. (2007). Assessment of adaptation practices, options, constraints and capacity. In Parry, M. L., Canziani, O. F., Palutikof, J. P., van der Linden, P. J., & Hanson, C.E. (Eds.), Climate change 2007: *Impacts, adaptation and vulnerability. Contribution of working group II to the fourth assessment report of the intergovernmental panel on climate change* (pp. 717-743). Cambridge, UK: Cambridge University Press.

Albrechts, L. (2004). Strategic (spatial) planning reexamined. *Environment and Planning B: Planning and Design, 31*,743-758.

Allman, L., Fleming, P., & Wallace, A. (2004). The progress of english and Welsh local authorities in addressing climate change. *Local Environment, 9*,271-283.

Andersson, E. (2006). Urban landscapes and sustainable cities. *Ecology and Society, 11*,34.

Atkinson, A. (2007). Cities after oil—2: Background to the collapse of 'modern' civilization. *City, 11*(3),293-312.

Atkinson, A. (2008). Cities after oil—3 collapse and the fate of cities. *City, 12*(1),79-106.

Bai, X. (2007). Integrating global environmental concerns into urban management: The scale and readiness arguments. *Journal of Industrial Ecology, 11*,15-29.

Barnett, J. (2001). Adapting to climate change in pacific Island countries: The problem of uncertainty. *World Development, 29*(6),977 993.

Batty, M. (2007). *Complexity in city systems: Understanding, evolution, and design.* Cambridge, MA: MIT Press.

Bettencourt, L., & West, G. (2010). A unified theory of urban living. *Nature,* 467 (7318),912-913.

Bonta, M., & Protevi, J. (2004). *Deleuze and geophilosophy: A guide and glossary.* Edinburgh: Edinburgh University Press.

Boyle, M., & Pogerson, R. J. (2001). Power, discourse and city trajectories. In R. Paddison (Ed.), *Handbook of urban studies* (pp. 402 425). London, UK: Sage Publications Ltd.

Bulkeley, H., Schroeder, H., Janda, K., Zhao, J., Armstrong, A., Chu, S. Y., & Ghosh, S. (2009). *Cities and climate change: The role of institutions, governance and urban planning.* Paper presented at the World Bank 5th Urban Symposium on Climate Change, June, Marseille.

Burby, R. J., Deyle, R. E., Godschalk, D. R., & Olshansky, R. B. (2000). Creating hazard resilient community through land-use planning. *Natural Hazards Review, 1* (2),99-106.

Carpenter, S. R., Walker, B., Anderies, J. M., & Abel, N. (2001). From metaphor to measurement: Resilience of what to what? *Ecosystems, 4*,765-781.

Castello, M. G. (2011). Brazilian policies on climate change: The missing link to cities. *Cities, 28*(6), 498–504.

CCC—Committee on Climate Change. (2010). *Building a low-carbon economy—the UK's innovation challenge.* www.theccc.org.uk.

CCC—Committee on Climate Change Adaptation. (2010). *How well prepared is the UK for climate change?* www.theccc.org.uk.

Chapin, III, F. S., Kofinas, G. P., & Folke, C. (Eds.). (2009). *Principles of ecosystem stewardship: Resilience-based natural resource management in a changing world.* New York: Springer Verlag.

Chapin, III, F. S., Power, M. E., Pickett, S. T. A., Freitag, A., Reynolds, J. A., Jackson, R. B., et al. (2011) Earth Stewardship: Science for action to sustain the human-earth system. *Ecosphere, 2*(8), 89.

Coaffee, J. (2006). From counter-terrorism to resilience. *European Legacy Journal of the International Society for the study of European Ideas, 11*(4), 389–403.

Coaffee, J. (2009). *Terrorism, risk and the global city: Towards urban resilience.* Famham: Ashgate Publishing.

Coaffee, J., & Rogers, P. (2008). Reputational risk and resiliency: The branding of security in place-making. *Place Branding and Public Diplomacy, 4*, 205–217.

Colten, C., Kates, R., & Laska, S. (2008). Three years after Katrina: Lessons for community resilience. *Environment: Science and Policy for Sustainable Development, 50*, 36–47.

Cooke, P., & Piccaluga, A. (Eds.). (2006). *Regional development in the knowledge economy.* NY: Routledge.

Corfee-Morlot, J., Kamal-Chaoui, L., Donovan, M. G., Cochran, I., Robert, A., & Teasdale, P. J. (2009). *Cities, climate change and multilevel governance.* OECD Environmental Working Papers 14: 2009, OECD publishing.

Cutter, S. L., Boruff, B. J., & Shirley, W. L. (2003). Social vulnerability to environmental hazards. *Social Science Quarterly, 84*(2), 242–261.

Cutter, S., Barnes, L., Berry, M., Burton, C., Evans, E., Tate, E., & Webb, J. (2008). A place-based model for understanding community resilience to natural disasters. *Global Environmental Change, 18*, 598–606.

Davic, R. D., & Welsh, H. H. (2004). On the ecological roles of salamanders. *Annual Review of Ecology Evolution and Systematics, 35*(1), 405–434.

De Roo, G., & Juotsiniemi, A. (2010). Planning and complexity. In *Book of Abstracts: 24th AESOP Annual conference.* Finland, p. 90.

Deleuze, G., & Guattari, F. (1991). *What Is philosophy?.* New York: Columbia University Press.

Dessai, S., & van der Sluijs, J. P. (2007). *Uncertainty and climate change adaptation—a scoping study.* Utrecht: Copernicus Institute for Sustainable Development and Innovation, Utrecht University.

Dodman, D., Hardoy, J., & Satterthwaite, D. (2009). *Urban development and intensive and extensive risk, background paper for the ISDR global assessment report on disaster risk reduction 2009*. London: International Institute for Environment and Development (IIED).

Eakin, H. C., & Wehbe, M. B. (2009). Linking local vulnerability to system sustainability in a resilience framework: Two cases from Latin America. *Climatic Change, 93*, 355-377.

Enfors, E. I., & Gordon, L. J. (2008). Dealing with drought: The challenge of using water system technologies to break dryland poverty traps. *Global Environmental Change, 18*, 607-616.

Ernstson, H., Barthel, S., Andersson, E., & Borgström, S. T. (2010). Scale-crossing brokers and network governance of urban ecosystem services: The case of Stockholm. *Ecology and Society, 15*(4), 28.

Folke, C. (2006). Resilience: The emergence of a perspective for social-ecological systems analyses. *Global Environmental Change, 16*, 253-267.

Folke, C., Carpenter, S. R., Walker, B. H., Scheffer, M., Chapin III, F. S., & Rockstro, J. (2010). Resilience thinking: Integrating resilience, adaptability and transformability. *Ecology and Society, 15*, 20. http://www.ecologyandsociety.org/vol15/iss4/art20/.

Folke, C., Jansson, Å., Rockström, J., Olsson, P., Carpenter, S. R., Chapin, F. S., et al. (2011). Reconnecting to the biosphere. *AMBIO: A Journal of the Human Environment, 40*(7), 719-738.

Fothergill, A., & Peek, L. (2004). Poverty and disasters in the United States: A review of recent sociological findings. *Natural Hazards, 32*(1), 89-110.

Godschalk, D. R. (2003). Urban hazards mitigation: Creating resilient cities. *Natural Hazards Review, 4*(3), 136-143.

Godschalk, D. R., Beatly, T., Berke, P., Brower, D. J., & Kaiser, E. J. (1999). *Natural hazard mitigation: Recasting disaster policy and planning*. Washington, DC: Island Press.

Gunder, M., & Hillier, J. (2009). *Planning in ten words or less: A Lacanian entanglement with spatial planning*. Famham: Ashgate.

Gunderson, L., & Holling, C. S. (Eds.). (2001). *Panarchy: Understanding transformations in human and natural systems*. Washington, DC: Island Press.

Harriet, B. (2010). Cities and the governing of climate change. *Annual Review of Environment and Resources, 35*, 2.1-2.25.

Healey, P. (2007). *Urban complexity and spatial strategies: Towards a relational planning for our times*. New York: Routledge.

Healey, P., & Upton, R. (Eds.). (2010). *Crossing borders international exchange and planning practices*. Oxon: Routledge.

Hillier, J. (2010). Strategic navigation in an ocean of theoretical and practice complexity. In Hillier, J., & Healey, P. (Eds.), *The Ashgate research companion to planning theory: Conceptual challenges for spatial planning* (pp. 447 480). Famham: Ashgate.

Holgate, C. (2007). Factors and actors in climate change mitigation: A tale of two

South African cities. *Local Environment*, *12*, 471–484.

Holling, C. (1973). Resilience and stability of ecological systems. *Annual Review of Ecology and Systematics*, *4*, 1–23.

Jabareen, Y. (2006). Sustainable urban forms: Their typologies, models, and concepts. *Journal of Planning Education and Research*, *26*(1), 38–52.

Jabareen, Y. (2009). Building conceptual framework: Philosophy, definitions and procedure. *International Journal of Qualitative Methods*, *8*(4), 49–62.

Jameson, F. (1991). *Postmodernism or, the cultural logic of late capitalism*. Durham: Duke University Press.

Kaufman, E. (1998). Introduction. In E. Kaufman & K. J. Heller (Eds.), *Deleuze and Guattari: New mapping in politics, philosophy and culture* (pp. 3 19). Minneapolis, MN: University of Minnesota Press.

Kern, K., & Alber, G. (2008). Governing climate change in cities: Modes of urban climate governance in multi-level systems. In *Competitive Cities and Climate Change, OECD Conference Proceedings, Milan, Italy, 9 10 October 2008* (Chap. 8, pp. 171 196). Paris: OECD. http://www.oecd.org/dataoecd/54/63/42545036.pdf.

Leichenko, R. (2011). Climate change and urban resilience. *Current Opinion in Environmental Sustainability*, *3*(3), 164–168.

Little, R. (2004). Holistic strategy for urban security. *Journal of Infrastructure Systems*, *10*(2), 52–59.

Martin, R., & Sunley, P. (2007). Complexity thinking and evolutionary economic geography. *Journal of Economic Geography*, *7*(4), 16–45.

Maru, Y. (2010). Resilient regions: Clarity of concepts and challenges to systemic measurement systemic measurement. In *Socio-economics and the environment discussion. CSIRO Working Paper Series*. http://www.csiro.au/files/files/pw5h.pdf.

Massey, D. (2003). Some times of space. In S. May (Ed.), *Olafur Eliasson: The weather project* (pp. 107 118). London: Tate Publishing. Exhibition catalogue.

McSweeney, K., & Coomes, O. (2011). Climate-related disaster opens 'window of opportunity' for rural poor in northeastern Honduras. *Proceedings of the National Academy of Sciences, USA*, *108*, 5203–5208.

Morrow, B. H. (1999). Identifying and mapping community vulnerability. *Disasters*, *23*(1), 1–18.

Nelson, A. C., & French, S. P. (2002). Plan quality and mitigating damage from natural disasters: A case study of the Northridge earthquake with planning policy considerations. *Journal of the American Planning Association*, *68*(2), 194–207.

Newman, P., Beatley, T., & Boyer, H. (2009). *Resilient cities: Responding to peak oil and climate change*. Washington, DC: Island Press.

NYS (2013). *NYS 2100 commission: Recommendations to improve the strength and resilience of the empire state's infrastructure*.

Ojerio, R., Moseley, C., Lynn, K., & Bania, N. (2010). Limited involvement of socially vulnerable populations in federal programs to mitigate wildfire risk in Arizona. *Natural Hazards Review, 12*(1), 28-36.

Pais, J., & Elliot, J. (2008). Places as recovery machines: Vulnerability and neighborhood change after major hurricanes. *Social Forces, 86*, 1415-1453.

Pelling, M. (2003). *The vulnerability of cities: Natural disasters and social resilience.* London: Earthscan.

Pendall, R., Foster, K., & Cowel, M. (2010). Resilience and regions: Building understanding of the metaphor. *Cambridge Journal of Economic and Society, 3*(1), 71-84.

Pike, A., Dawley, S., & Tomaney, J. (2010). Resilience adaptation and adaptability. *Cambridge Journal of Regions, Economy and Society, 3*, 59-70.

Priemus, H., & Rietveld, P. (2009). Climate change, flood risk and spatial planning. *Built Environment, 35*(4), 425-431.

Protevi, J. (2006). Deleuze, guattari, and emergence. *Paragraph: A Journal of Modern Critical Theory, 29*(2), 19 39. http://www.protevi.com/john/Emergence.pdf.

Richardson, K. (Ed.) (2005). *Managing the complex vol. 1: Philosophy, theory and application.* Greenwich: Information Age Publishing. Bottom of Form.

Richardson, K. A., & Cilliers, P. (2001). What is complexity science? A view from different directions, *Emergence, 3*(1), 5-22.

Rodin, J., & Rohaytn, F. G. (2013). *NYS 2100 commission: Recommendations to improve the strength and resilience of the empire state's infrastructure.* http://www.governor.ny.gov/sites/governor.ny.gov/files/archive/assets/documents/NYS2100.pdf.

Romero Lankao, P. (2007). How do local governments in Mexico City manage global warming? *Local Environment, 12*, 519 535.

Rose, A. (2004). Defining and measuring economic resilience to disaster. *Disaster Prevention and Management, 13*(4), 307 314.

Roy, A. (2010). Informality and the politics of planning. In Hillier, J., & Healey, P. (Eds.), *Planning theory: Conceptual challenges for spatial planning* (pp. 87 107). Famham: Ashgate Publishing.

Satterthwaite, D. (2008). *Climate change and urbanization: Effects and implications for urban governance.* Presented at UN Expert Group Meeting on Population Distribution, Urbanisation, Internal Migration and Development. UN/POP/EGMURB/2008/16/.

Schneider, S. H., Semenov, S., Patwardhan, A., Burton, I., Magadza, C. H. D., Oppenheimer, M., et al. (2007). Assessing key vulnerabilities and the risk from climate change. Climate change 2007: Impacts, adaptation and vulnerability. In M. L. Parry, O. F. Canziani, J. P. Palutikof, P. J. van der Linden, & C. E. Hanson (Eds.), *Contribution of working group II to the fourth assessment report of the intergovernmental panel on climate change* (pp. 779-810). Cambridge, UK: Cambridge University Press.

Simmie, J., & Martin, R. (2010). The economic resilience of regions: Towards an evolutionary approach. *Cambridge Journal of Regions, Economy and Society, 2010* (3),27–43.

Turner,S. R. S.,& Murray,M. S. (2001). Managing growth in a climate of urban diversity: South Florida's eastward ho! Initiative. *Journal of Planning Education and Research,20*,308–328.

Turok, I., & Mykhnenko, V. (2007). The trajectories of European cities,1960 2005. *Cities,24*(3),165–182.

UNISDR–Inter–Agency secretariat of the International Strategy for Disaster Reduction (UN/ISDR)(2005). Building the resilience of nations and communities to disasters. In *Proceedings of the Conference: World Conference on Disaster Reduction (WCDR)*,United Nations,Geneva.

UNISDR–International Strategy for Disaster Reduction (2010). *Making cities resilient: My city is getting ready.* In 2010 2011 World Disaster Reduction Campaign.

United Nations Division for the Advancement of Women. (2001). *Environmental management and the mitigation of natural disasters: A gender perspective.* http://www.un.org/womenwatch/daw/csw/env_manage/documents/EGM–Turkey–final–report.pdf. July 7,2009.

Urry,J. (2005). The complexity turn. *Theory,Culture and Society,22*(5),567–582.

Vale,J. L.,& Campanella,T. J. (2005). *The resilient city: How modern cities recover from disaster.* New York:Oxford University Press.

Vellinga,P.,Marinova,N. A.,& van Loon–Steensma,J. M. (2009). Adaptation to climate change: A framework for analysis with examples from the Netherlands. *Built Environment,35*(4),452–470.

Walisser,B.,Mueller,B.,& McLean,C. (2005). *The resilient city. Prepared for the world urban forum 2006.* Canada: Vancouver Working Group, Ministry of Community,Aboriginal and Women's Services,Government of British Columbia.

Walker,W. E.,Harremoës,P.,Rotmans,J.,van der Sluijs,J. P.,van Asselt,M. B. A., Janssen,P.,& Krayer von Krauss,M. P. (2003). Defining uncertainty: A conceptual basis for uncertainty management in model–based decision support. *Integrated Assessment,4*(1),5–17.

Walker,B. H.,Anderies,J. M.,Kinzig,A. P.,& Ryan,P. (2006). Exploring resilience in socialecological systems through comparative studies and theory development. *Ecology and Society*, 11, 12. http://www. ecologyandsociety. org / vol11 / iss1 / art12/.

Wardekker,J. A.,de Jong,A.,Knoop,J. M.,& van der Sluijs,J. P. (2010). Operationalising a resilience approach to adapting an urban delta to uncertain climate changes. *Technological Forecasting and Social Change,7*(6),987–998.

WRI/WBCSD GHG Protocol. (2014). The global protocol for community–scale greenhouse gas emission inventories. http://ghgprotocol.org/files/ghgp/GHGP_GPC. pdf.

Zhang, Y. (2010). Residential housing choice in a multihazard environment: Implications for natural hazards mitigation and community environmental justice. *Journal of Planning Education and Research*, 30(2), 117−131.

第8章

缺乏弹性的城市：纽约市的飓风"桑迪"[①]

8.1 引言

本章评估城市规划及其政策是否充分、适当地反映环境危害和未来气候变化的影响。为此目的，本章使用飓风桑迪——2012年10月29日它曾掀起4.2米高的海水墙进入纽约市中心——作为一个典型案例来证明在世界各地城市是否已出现了最糟糕的气候变化情境（NYS，2100 Commission，2013；Tollefson，2012；Peltz and Hays，2012）。

当代城市的弹性对气候变化的预期影响已经对城市居民的幸福变得越来越重要，正如我们所目睹的最近全球城市所面临的环境危害已经造成了毁灭性结果和人员伤亡。近年来，尽管气候变化的威胁和环境危害是不确定的，但是为了提高城市所预期的弹性，世界各地许多城市，主要是在发达国家，还是提出了城市规划和政策。城市规划被认为在城市应对气候变化的影响中应该扮演重要角色。Fleischhauer（2008）提出，空间规划可以通过影响城市结构并进而增强城市适应能力在减轻多重危害方面发挥重要作用。

① Springer Science+Business Media Dordrecht 2015Y. Jabareen, The Risk City, Lecture Notes in Energy 29,DOI 10.1007/978-94-017-9768-9_8

国家飓风中心把飓风"桑迪"排名为自1900年以来代价最大的美国第二大飓风。有趣的是，气候变化研究表明，纽约和其他地方海平面到2200年可能上升相同的数额（4.2米）。即使"桑迪"不是由气候变化引起的，它也提供了一种气候变化结果的具体例证（Chertoff，2012）。而且，研究人员认为，这种风暴类型在未来可能是更强大、更激烈的风和带来更多的降雨（Plumer，2012）。飓风"桑迪"也已经引起对气候变化潜在影响和城市弹性问题的新关注。事实上，它提供了一种检验城市弹性受影响的重要机会，基本上这些城市已经付出巨大的规划努力以试图应对气候变化（Gibbs and Holloway，2013：1）。

此外，纽约市已经提出了一项雄心勃勃的计划，并开始实现2007年制定的《规划纽约2030》，一项广泛且具有里程碑意义的规划，以让这个城市对气候变化的预期效果更具有复原力（Solecki，2012：570；Tollefson，2012；Rosenzweig and Solecki，2010b：19；Rosan，2012；Jabareen，2014）。然而，本章的核心问题是这些规划的努力是否改善了纽约市应对风暴的能力。考虑到近年来纽约市如何通过规划和城市公共政策做好针对这些问题的准备，本章旨在评估设计规划政策以应对纽约市气候变化的影响及环境灾难风险。更具体地说，本章评估纽约市规划政策并分析为什么它无法充分应对飓风"桑迪"。

8.2 评估方法：规划对城市弹性的贡献

前一章讨论了弹性的概念，认为城市弹性是一种复杂的和多学科的现象。一般来说，关于测量弹性的文献忽视了一般城市规划和具体规划对城市与社区弹性的贡献。相反，文献倾向于关注生态系统并提出适合这样评估的定量指标。因为研究人员忽略了规划的空间维度，所以现有框架帮助他们评估城市的弹性，但很少有益于评估具体城市的规划。

为了描述弹性，关于弹性测量的问题就要确定将来发生损失的可接受水平是什么，以及将来恢复的可接受时间是多长。"可操作性的定义"或界定测量的操作化过程是什么？例如，环境极端事件的可接受成本是多少？不能接受的成本是多少？多长的恢复时间不能接受？这些问题和其他问题仍然几乎没有合适的答案。这件事需要通过公众以及学术与政府层面的公共机构共同参与讨论。

为了评估规划工作对城市弹性的贡献，本章提出一种基于两种类型标准的方法，这些标准将为评估飓风"桑迪"之后的城市弹性而得到检验：

1.首先是与风暴成本和恢复有关，包括三个标准。

（a）恢复时间：城市恢复的持续时间是多长？为了实施和量化这一标准，笔者提出基本服务和基础设施恢复的持续时间，大体上是主要交通方式、电力和供水，应该是48小时。这是为了不危及居民的生命。

（b）人员伤亡：事件的花费是多少？城市应该接受零伤亡。这是任何城市弹性规划的工作目标。

（c）事件的成本：对社会、城市基础设施和经济损害的范围是多大？这种类型的成本不容易预测，并且当然应该是尽可能按照我们能够规划和行动的最小成本。

2.其次是与城市弹性框架及其规划概念有关，由前一章提出的框架及概念组成。前一章提出风险城市弹性轨迹或风险城市弹性轨迹，根据规划未来将走向更有复原的状态，风险城市弹性轨迹解决了城市及其社区应该做什么的问题。根据风险城市弹性轨迹，弹性城市是由其要学习、准备、规划不确定性的政府、自然、经济与社会系统及实体的整体能力所界定，并采取及时、有效的方式抵制、吸收、容纳和从危害的影响中恢复，包括通过保护并恢复城市的重要基本结构和功能。四个概念构成了风险城市弹性轨迹框架：（a）脆弱性分析矩阵；（b）城市治理；（c）预防；（d）适应或不确定性导向的规划（图8-1）。

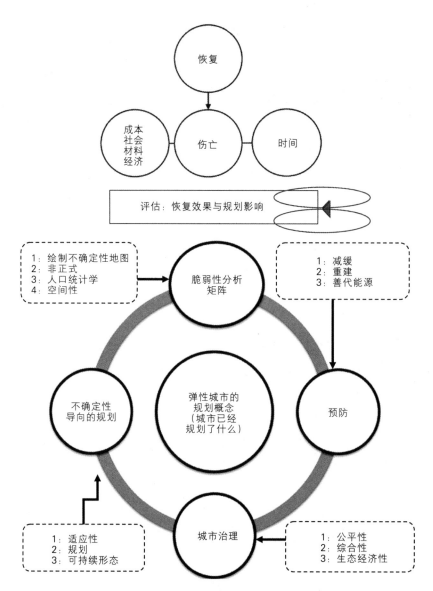

图8-1 城市弹性的评估框架

8.3　评估"桑迪"的复苏与成本

8.3.1　事件的成本

2012 年 10 月 28—30 日飓风"桑迪"转移到美国的东海岸，并影响了美国 24 个州，造成大洪水、大量的结构性破坏及重大生命损失（The City of New York，2013，2014；NYS 2100 Commission，2013）。"桑迪"造成的社会和物质影响是毁灭性的，包括强劲的和破坏性的大风、纽约市和新泽西长岛上破记录的风暴潮、大西洋中部的暴雨以及从北卡罗来纳州进入宾夕法尼亚州西南部的阿巴拉契亚山脉高海拔地区历史性降雪（Grumm and Evanego，2012；NYC，2013）。

纽约市深受飓风"桑迪"的影响。皇后区洛克威（Rockaway）的 37 个街区——近三英里的木板路——遭受严重破坏（Gibbs and Holloway，2013：18）。超过 3 500 个交通信号在风暴后被打下来或损坏（Gibbs and Holloway，2013：12）。飓风"桑迪"产生大约 700 000 吨的残骸（The City of New York，2013）。国民警卫队和美国空军部署 45 000 名人员协助备战"桑迪"并清理现场（Sullivan and Hart，2012）。

"桑迪"是造成纽约市历史上最严重的燃料短缺的灾害之一，飓风破坏了途径区域提供服务的能源基础设施，包括终端、管道、炼油厂及电力基础设施（Gibbs and Holloway，2013：21）。"桑迪"使成千上万的纽约人无力准备饭菜，整个社区的超市关闭。在刚开始的时候，纽约市及国民警卫队在弗洛伊德·本内特场设立一个食物和水配送主要操作点，服务于市属 17 个社区食品分发点，最终分发出了 210 多万份准备好的饭菜及 100 多万瓶水。纽约市的人力资源管理机构提供了 719 000 份准备好的午餐和热晚餐（Gibbs and Holloway，2013：26）。

全市大约 23 400 个企业约 245 000 名员工都处于洪水影响的地区，其中 95% 的是雇用 50 人或更少的小型和中型企业。这些企业面临着来自库存损失、设备毁坏、内部空间损坏及建筑系统的结构破坏等大量的损毁（Gibbs and Holloway，2013：30）。

早在2012年12月，奥巴马总统签署了建立飓风"桑迪"重建工作组的行政命令。奥巴马总统还要求国会立即批准600亿美元的追加援助，帮助从风暴中恢复工作。在美国国土安全部内的联邦紧急事务管理局（FEMA）领导下，工作组的主要目的是努力引导帮助受灾地区经济复苏。题为"建立飓风桑迪重建工作组"的行政命令指出："重建工作必须解决经济环境和该地区基础设施老化问题，包括其公共住房、交通系统和公用事业，并确定必要的需求和资源，使这些系统在给定的当前和未来风险条件下具有更多的弹性。"2013年1月29日，奥巴马总统签署法律文件《救灾拨款法案2013》（公共法律113-2），它提供了160亿美元的社区开发整体拨款——灾难恢复（CDBG-DR）基金，用来补救和恢复飓风"桑迪"影响到的地区。纽约市的第一轮CDBG-DR资金是17.7亿美元。纽约市自主提出了部分行动计划（"行动计划A"），细化如何使用这些资金来帮助纽约人重建家园、企业和社区（Gibbs and Holloway，2013：34）。

Goldstein等人（2014：2），作为纽约市复苏、弹性基础设施的高级顾问，声称飓风"桑迪"凸显了纽约市易受极端天气事件的影响；随着时间的推移脆弱性将会由于气候变化的影响而增长。最终，"桑迪"造成了超过190亿美元的损害并丧失经济活动，成千上万的家庭和企业被摧毁或受到严重影响，数百万的基础设施系统及至关重要的服务被中断，并且有44名纽约人不幸丧生。"桑迪"也暴露了许多社区面临的其他潜在挑战，纽约市是许多最弱势群体生活的地方，并且个人和家庭甚至处于更大的破坏、混乱并不得不背井离乡的风险之中（Goldstein et al.，2014：2）。

8.3.2 人员伤亡

飓风造成100多人死亡，其中有44人是纽约人（Gibbs and Holloway，2013：1）。这是一个城市所不允许的极高代价。

8.3.3 恢复时间

纽约市从"桑迪"中复苏仍在进行中，它"将持续到不再有纽约人流离失所且无事可做，并且直到社区从风暴中完全恢复过来。在提供这份报告的时候纽约市警察局每天24小时仍然保留着125名以上警官队伍分派到受风暴影响的地区"（Gibbs and Holloway，2013：32）。

　　受灾最严重地区的成千上万的家庭在风暴后几个月里没有能力恢复（NYC，2013）。根据纽约市的建议，健康、食物与水的分配以及分配站点与修复中心帮助许多纽约人解决其需求（Gibbs and Holloway，2013：27）。为纽约人提供一个安全的家，除了通过快速维修外，纽约市还推出了一组项目帮助企业从有形损失与扩大停业的损失中恢复过来。

　　飓风"桑迪"造成了150 000名纽约人住在临时住房或需要直接回家修复（Gibbs and Holloway，2013：39）。然而，"对于那些仍在紧急庇护所，但无法返回家园的疏散人员，纽约市与酒店签订协议，提供备选的、稳定的、短期疏散避难所（Gibbs and Holloway，2013：39）。

　　纽约市进行了一项"桑迪"扫过的A区调查，随机抽样采访509人（误差±4.3%）发现，56%的受访者"断电超过一个星期"，55%的人"失去其他服务"，43%的人提到他们的"家庭被毁"（Gibbs and Holloway，2013；Appendix B）。

　　纽约的"同一个城市、一起来重建"报告（Goldstein et al.，2014：6）表明，在风暴的两周内纽约市推出了快速维修，"首开先河的紧急避难计划为飓风"桑迪"过后留下的成千上万个没有供热、电力和热水的房主提供必要的维修"，"在不到100天的时间里，快速维修恢复了超过11 700个建筑的供热、电力和热水服务，提供了包括超过20 000单位和解决大约54 000名纽约人的需要。快速维修项目的总费用估计约6.4亿美元，其中超过6.04亿美元已经支付项目的直接建设费用和间接费用。"在纽约市恢复计划的帮助下，如表8-1所示，主要通过由美国住房和城市发展部管理的联邦政府CDBG-DR拨款。CDBG-DR拨款是把资源分配给帮助其从总统宣布的灾难中恢复过来的区域。2013年1月中旬，国会通过了救灾拨款法案，这是给受到飓风"桑迪"影响的地区分发CDBG-DR拨款的立法工具（Goldstein et al.，2014：6）。

　　总之，"桑迪"造成的人类、社会和物质成本是巨大的。为了恢复纽约市大部分的电力，仍在进行中的经济复苏花了一个星期。然而，在全面复苏前，仍然存在一个巨大的挑战（表8-2）。

表 8-1　　　　　　　　　　　　　复原城市的框架

概念	组成	关键问题（措施）
与风暴成本相关的规则		
恢复	C1：时间	时间：城市恢复持续的时间是多久？
	C2：人员伤亡	人员伤亡：事件造成总的人员伤亡数是多少？
	C3：成本	事件成本：对城市社会、物质及经济基础设施造成损害的范围有多大？
与规划及计划相关的规则		
概念 1：城市脆弱性矩阵分析	C1：不确定性	C1：危害及环境不确定性是什么？
	C2：非正式	C2：在或靠近城市的非正式安置点的规模、地理、社会经济、人口及自然特点是什么？
	C3：人口统计学	C3：按照年龄、性别、健康及其他社会分组的城市脆弱性人口本质是什么？
	C4：空间性	C4：环境危害及风险的空间范围有多大？
概念 2：不确定性导向的规划	C1：适应	C1：要采取的降低风险及处理不确定性的适应措施是什么？
	C2：规划	C2：规划方法如何处理不确定性？
	C3：可持续形态	C3：现存及规划的城市形态类型的特点是什么？
概念 3：城市治理	C1：公平性	C1：谁参与关于环境与不确定性事情的决策与规划？
	C2：综合性	C2：城市治理方法是制度、法律、社会、经济及环境方面的综合吗？
	C3：生态-经济学	C3：现存及规划的生态-经济学的本质是什么？
概念 4：预防	C1：减缓	C1：要采取的降低风险及为城市未来的环境危害准备的减缓措施是什么？
	C2：重建	C2：旨在面对环境危害及不确定性已提出或规划的空间、自然及经济重建政策是什么？
	C3：替代能源	C3：城市如何解决能源问题，并且制定怎样的降低能源消费及使用新的替代且更清洁能源的战略？

表 8-2　纽约市恢复的社区开发整体拨款——灾难恢复基金分配情况

分配给纽约市的 CDBG-DR 基金及目前分配计划名称	分配总额：美元
住房计划	1 695 000 000（52.6%）
支持恢复与重建	1 022 000 000
构建多户建筑	346 000 000
租金援助	19 000 000
公共住房重建和恢复力	308 000 000
商业计划	266 000 000（8.3%）
商业贷款和补助计划	42 000 000
商业恢复投资计划	110 000 000
社区改造者投资	84 000 000
适应更强大经济的弹性创新	30 000 000
基础设施及其他城市服务	805 000 000
公共服务	367 000 000
紧急拆除	2 000 000
残损物的移除/清除	12 500 000
法规实施	1 000 000
公共设施的恢复和重建	324 500 000
临时援助	98 000 000
弹性	284 000 000（8.4%）
海岸保护	224 000 000
住宅减排计划	60 000 000
全市的管理和规划	169 820 000（5.3%）
规划	72 820 000
管理	97 000 000
总计	3 219 820 000

资料来源：Goldstein et al.（2014：8）：one city，rebuilding together

8.4 纽约市气候变化导向的规划

2007年地球日，纽约市发起了一项新规划——《规划纽约2030：更绿色、大纽约》（以下简称《规划纽约》）。这个规划在以前的章节提到过，因此，在这里笔者将聚焦在与弹性城市规划有关的主题。《规划纽约》确定了规划要解决的三个主要挑战：增长、老化的基础设施及越来越不确定的环境（《规划纽约》：4）。气候变化是纽约市面临问题的一个主要因素，并有助于解释新规划的紧迫性。《纽约规划》由127个新举措组成，旨在推进纽约市经济、公众健康和生活质量，"它们也将对所有全球气候变化中的最大挑战形成一次正面进攻"（The City of New York，2009：2，see also The City of New York，2014）。总的来说，这些举措的目的是到2017年实现温室气体排放减少30%（Inventory of NYC Greenhouse Gas Emission，2009）。

如前所述，四个概念构成了风险城市弹性轨迹框架，将按以下部分进行评估：（a）脆弱性分析矩阵；（b）城市治理；（c）预防；（d）适应或不确定性导向的规划。

8.4.1 脆弱性分析矩阵

与传统的规划不同，《规划纽约》使气候变化问题成为使命的核心和出发点。在前言中，《规划纽约》确定了预期的未来气候变化影响及相关方案的不确定性。《规划纽约》的基本假设是"气候变化给纽约市带来了真正的和重大的风险"（PlaNYC：Progress Report，2009：39）。《规划纽约》把纽约市描绘成一个面临风险的城市。因此，《规划纽约》的愿景产生一种局部和全局的紧迫感："除非公众……欣赏这种紧迫性，"该规划警告说，"我们将不会满足我们的目标"（PlaNYC：110）。具有讽刺意味的是，《规划纽约》承认："与此同时，我们将面临一个越来越不稳定的环境和日益增加的气候变化的危险，不仅要危及我们的城市，而且危机地球。我们已经提出了一种不同的愿景。"（PlaNYC：141）

《规划纽约》承认气候变化的模式将对这些社区产生广泛的影响，剥

夺生命，构成"重大公共卫生危险"并且影响许多人的财产和生计
（PlaNYC：138）。然而，《规划纽约》未能解决气候变化将如何影响每个
社区的问题，且未能强调存在于每个社区及每个社区未来可能面临的特定
环境风险。纽约是一个多样化的城市，拥有5个行政区、59个社区和数百
个居民区。而且，2012年底纽约人口约有8 244 910人，说174种不同的
语言（US Census Bureau，2013）。所有5个纽约区"存在脆弱的海岸线"。
此外，《规划纽约》描绘的大规模增长将肯定会影响到这些社区，甚至可
能"抹杀纽约市社区的特点"（《规划纽约》：18）。考虑到实施规划的空
间影响，规划者提出了未来纽约市及其社区的一个至关重要的困境：
"我们不能简单地创造尽可能多的生产力，我们必须认真考虑我们想成
为什么样的城市。我们必须考虑哪些社区将承受额外的密度并且哪些需
充分考虑到流入的人、工作、商店和交通。当我们决定在未来几十年里
塑造我们城市的模式时，我们必须考虑碳排放的后果、空气质量和能源
效率。"（PlaNYC：18）

8.4.2　城市治理

在城市治理的背景下，《规划纽约》未能着手处理各种社区问题，并
让人们和社区参与其设计并打造他们空间的关键战略。

纽约市被描绘成一个面临风险的城市，因此，建议纽约市"重新思
考其运作方式并适应其演变的环境"（NPCC，2009：3）。该规划适应气候
变化的主要战略似乎在于建立"政府间工作小组来保护我们城市的重要基
础设施"并"与脆弱性社区合作开发特定地点的战略"（PlaNYC：136）。
《规划纽约》提出建立纽约市气候变化顾问委员会，作为全市战略规划的
一个步骤，"来确定气候变化对公共卫生及其他城市要素的影响，并开始
确定可行的适应战略"（PlaNYC：Progress Report，2009：39）。毫无疑问，
这些机构负责监测城市的气候变化参数，并提出调整政策，提高纽约市区
适应性规划能力。然而，该规划的适应战略也主要是基于减排的事前战
略。这样，《规划纽约》未能为城市及其基础设施对可能源于气候变化的
灾害做好准备。例如，该规划没有提出沿着城市脆弱的570英里沿海地区
的基础设施设计或开发项目。相比之下，《规划纽约》提出了在没有考虑

气候变化带来风险的海滨和其他地区尽可能大力开发。最后,《规划纽约》没有提出针对这些灾害的任何事后战略及应急反应。

8.4.3　预防:减缓

为了对参与预防或减缓气候变化的影响做出贡献,《规划纽约》提出了减缓措施。这些举措旨在改善空气质量和以前章节提到的到2030年减少30%的排放量。到2030年目前现有的建筑将使用至少85%的城市能源。通过这种方式,现有建筑的节能措施将造成700万吨的温室气体减排。这种减排具有重要意义,因为如果没有规划中概述的措施,到2030年温室气体排放量将上升到将近8000万公吨(PlaNYC:Progress Report,2009:39)。

8.4.4　适应:不确定性导向的规划

有关气候变化的威胁存在各种各样的挑战。而且,气候变化对纽约的威胁已经通过加速恶化城市基础设施的物质条件,大大增加了未来气候变化的不确定性。

Rosenzweig和Solecki(2010 a,b)认为,在过去的10年中纽约市包括纽约环境保护部门(NYCDEP)、纽约和新泽西港务局及诸如环境保护基金的非政府组织等不同的领导机构已经开始从事眼前的气候变化适应工作。2004年负责纽约市供水及废水系统和排水的纽约环境保护部门启动了《气候变化工作组计划》,其任务是研究气候变化对城市供水、排水、污水管理系统以及最大程度的综合温室气体排放管理的潜在风险(Rosenzweig and Solecki,2010a,b)。NYCDEP工作组的主要成果是《机构的气候变化评估与行动规划》(NYC DEP,2008)。

关于适应性政策,《规划纽约》声称“没有应对气候变化的灵丹妙药”,并且“因此,我们帮助阻止气候变化的战略是规划中所有举措的总和”(PlaNYC:135)。规划的主要气候变化适应战略似乎是建立“一个政府间工作小组来保护我们城市的重要基础设施”并“与脆弱性社区合作开发特定地点的战略”(PlaNYC:136)。此外,《规划纽约》提出建立一个纽约市气候变化顾问委员会和全市战略规划流程,“来确定气候变化对公共卫生和城市其他要素的影响,同时开始确定可行的适应战略”

（PlaNYC：Progress Report，2009：39）。已经提出的还包括旨在加强城市重要基础设施措施的适应政策，通过城市、州及联邦机构与当局之间的密切合作，更新泛滥平原的地图以更好地保护最容易遭受洪水的地区，并与整个城市的高危社区密切合作制定特定地点的规划来实现。"除了这些专项计划外"，该规划写道，"我们也必须有更广阔的视野，跟踪气候变化的更新数据及其对我们城市的潜在影响"（PlaNYC：136）。

此外，NPCC提出了一种多步骤的适应规划过程，包括识别气候灾害和影响、开发和评估适应战略、实施行动以及把适应气候变化规划纳入其现有的规划与操作流程中的监测结果（Rosenzweig and Solecki，2010a，b：14）。

毫无疑问，纽约市"桑迪"的毁灭性影响表明，纽约市的规划工作——主要是近期的《规划纽约》——未能保护纽约市。看来纽约缺乏必要的弹性和适应性，而必要的弹性和适应性才能确保在这样的环境危害下没有重大损害地生存下来。

《沿海风暴计划》（Coastal Storm Plan，CSP），作为准备和应对风暴的项目集合，包括2000年已经准备的《疏散、庇护和物流计划》。为解释纽约市的人口变化并考虑到吸取飓风"卡特里娜"的经验教训，2000年纽约第一次公布了《全市飓风计划》，2006年更新了《沿海风暴计划》。《沿海风暴计划》描绘了A、B、C区三个疏散区。A区包括最容易遭受沿海风暴的城市海岸线和低洼地区。成千上万的人没有离开疏散区，并且43个纽约人失去了他们的生命。

为应对纽约州及周围区域所经历的前所未有的、最新的灾害性天气事件——飓风"桑迪"、"艾琳"和热带风暴的庇护所——由州长Andrew Cuomo召集的纽约州2100委员会承认纽约市和纽约州脆弱的弹性水平。委员会评估了纽约州脆弱的基础设施系统并提出具体建议。实施这些建议应该在交通、能源、土地使用、保险和基础设施融资五个主要领域提高纽约市的弹性水平。纽约州2100委员会（2013：7，10）认为："我们不可能阻止所有未来发生的灾难，但我们通过接纳、练习和提高全面弹性战略就可以避免灾难性的后果。当纽约市及我们的邻州继续从飓风"桑迪"的破坏性影响中恢复时，我们有一个有限但清晰的利用海啸意识的机会窗口。某种程度上下个世纪将由我们的社区对迅速变化的气候及其他长期的加速变化的直接和间接影响的适应力来决定"。

《规划纽约》提出在纽约市海滨区周围悬而未决的大型项目。纽约市有570英里的海滨，规划把它视为"城市住宅开发的最大的机会"及其他类型项目的重要地点（PlaNYC：22）。《规划纽约》也面临"过去工业的遗迹……""……把纽约市水路当作一种运输系统"（PlaNYC：51），并提议通过保护自然区域，减少污染，重建城市90%的水路（PlaNYC：53）（表8-3）。

表8-3   规划纽约的弹性评估

概念/原则	成就	缺点	成就水平
恢复			
时间	电力恢复需大约1周的时间	仍在继续恢复	中等
人员伤亡		34名纽约人死亡	特别弱
费用		巨大的社会、经济及自然消耗的费用	特别弱
规划与弹性			
城市脆弱性矩阵分析	分析气候变化、城市相关的不确定性及环境危害	《规划纽约》没有涵盖城市脆弱性和风险的空间及人口分布的广泛分析	中等
预防	1. 提出不同并且多层面的减少温室气体排放的减缓措施 2. 解决能源部门问题并提出减少能源消耗及使用新的可替代与可持续能源		好
适应：不确定性导向的规划		1. 很少提出适应性举措作为降低风险及应对气候变化的手段，很少提出降低风险的政策并做好应对城市未来环境危害的准备 2. 缺乏帮助城市应对环境危害的空间及自然重建政策与工程	特别弱
城市治理	提出新的制度与正式框架，应对气候变化影响，实现可持续发展	在准备规划纽约时缺乏广泛的公众参与	中等

8.5　结论

飓风"桑迪"的破坏性影响，就像世界各地众多城市遭受的许多其他环境危害一样，提供了一个检验城市弹性水平、确定城市未来应该如何采取应对气候变化影响和危害行动的重要机会。本章的结论是，尽管纽约市已有应对气候变化影响的规划，并且虽然它已经开始实施规划项目，但是纽约市似乎无法应对未来严重的气候影响。表8-1总结了《纽约规划》的成就与纽约市总体应对气候变化影响的努力，以及城市面临飓风"桑迪"的弹性水平。显然，正如飓风"桑迪"的影响所显示的，规划主要、关键的不足是其应对环境危害的适应性措施。

正如纽约州2100委员会（2013）总结的："飓风'桑迪'产生了无数令人心碎的故事，但也存在希望和弹性"（2013：7）。然而，纽约像世界各地的许多城市一样，包括其中最具开拓型的城市，仍然未能使用应对气候变化的综合性与空间性规划（Kern and Alber，2008）。Barnett（2001）实事求是地说适应性很难把握，因为它要求全系统的分析和干预。大多数城市似乎正在使用减缓气候变化的政策，通过减少温室气体排放来解决人类的气候资源变化，但未能使用适应性政策。Wheeler（2008）认为，"第一代"的当地气候行动规划重点处理减缓政策而不是适应政策。Baker等人（2012）提出，虽然城市知道预计的气候变化影响，但是它们使用这些信息开发地理上具体行动规划的能力是有限的。Baker等人（2012）在他们的实证研究中发现，他们所调查的地方适应规划没有一个提供与规划组成有关的全面覆盖所有城市结果的标准。此外，发达国家的初步研究表明，实施有效的地方适应性规划可能超出了许多地方政府的能力（Wilson，2006）。

不幸的是，"桑迪"显示我们城市当前的制度和空间环境不具有弹性，而且我们的城市成为其居民处于危险事件的高风险地区。Uken（2012）表明，暴风雨凸显出美国老化的基础设施的脆弱性，与电网一样被排在相当贫穷的国家之后。毫无疑问，纽约就像受到"桑迪"影响的美国其他城市一样，在面对"桑迪"影响时是没有弹性的。因此，如果不实施显著性的适应气候变化的动态性措施并提出相关政策，这些城市是否能够应对气候变化的未来挑战的问题势必会出现。目前，美国纽约和其他城市似乎无法应对环境危害。此外，研究人员认为，由于全球变暖，未来飓风的数量总体上将"降低或保持不变"，但是它们发挥作用的形式，像在纽约市的区域一样，可能会变得更强、带来更猛烈的风和强降雨（Plumer，2012）。如果纽约市未准备好应对这些极端的危险，那么当地居民和城市系统的其余部分就将受到极大的伤害。

欧洲经济共同体委员会（CEC，2009：3）表明："即使世界上成功地限制并随后减少了温室气体排放，我们的地球也将需要一段时间才能从先前大气的温室效应中恢复过来。因此，至少未来50年我们将面临气候变化的影响。因此，我们需要采取措施去适应。"CEC（2009）后悔其已经实施的"零碎"的适应政策，并总结道："需要更多的战略方针来确保实施及时有效的适应措施，确保不同的部门及治理水平的一致性。"（CEC，2009：3）

纽约市没有足够的公众参与流程（Jabareen，2013，2014），这造成城市弹性降低及社区与区域的脆弱性水平。Baker等（2012）表明，地方政府没有有效地规划气候的影响，而且地方政府在开发适应气候变化规划时需要真正从事公众参与的项目。有效的公众参与是规划过程中的重要因素（Preston et al.，2011；Wiseman et al.，2010），将有助于平衡更加标准化的规划要求，确保当地社区在气候适应问题的框架内参与，气候适应问题被局部化且在本质上具有前后关联性（Baker，2012）。此外，与社区合作开发的规划也更有可能实现（Wiseman et al.，2010）。

桑迪之后，纽约市和纽约州意识到这场灾难的严重程度，并需要有适应性政策与战略（NYC，2013；NYS 2100 Commission，2013）。面对恶劣天气日益增加的风险，纽约市（NYC，2013）站在城市高度提出了一个战略路线图，纽约市将会提高保护城市的生命和财产的能力，加强城市的整体防范并形成全面的并且有组织的建筑区域，应对可能影响成千上万纽约人的紧急事件（2013：5）。此外，纽约州2100委员会（2013）也对"桑迪"作出了回应，提出一定的适应战略。

目前纽约市的关键任务是为不确定的未来做好准备。为了建设城市的未来并促进其弹性，重要的是学习和使用"桑迪"经验处理以后的危机。令人信服的论据表明，洛克菲勒基金会的总裁Judith Robin和Felix Rohatyn陈述说（NYS2100 Commission，2013：7）：

"随着纽约市继续恢复，我们也必须将我们的注意力转向未来。我们生活在一个日益波动的世界里，曾经预期发生的自然灾害现在每个世纪都会规律性地敲响警钟。我们必须开发和加强对这种新的不稳定水平的反应能力及强力恢复的能力。我们的努力必须植根于坚强的基础结构以及扩展业务的能力。飓风'桑迪'明确了这项事业的紧迫性。我们现在对我们目前的脆弱性也有了更深入的理解。我们不能仅仅恢复重建之前是什么，我们必须建造得更好、更智能。正如Cuomo州长所说的'这不会是修修补补'。我们知道许多这样的系统已经有很多很多年没有发挥作用了。"

参考文献

Baker, I., Peterson, A., Brown, G., & McAlpinea, C. (2012). Local government response to the impacts of climate change: An evaluation of local climate adaptation plans. *Landscape and Urban Planning*, *107*, 127–136.

Barnett, J. (2001). Adapting to climate change in pacific island countries: The problem of uncertainty. *World Development*, *29*(6), 977–993.

CEC—The Commission of the European Communities. (2009). *White paper: Adapting to climate change: Towards a European framework for action*. Brussels.

Chertoff, E. (2012). The sandy storm surge: Is this what climate change will look like? *The Atlantic*. October 30, 2012.

Fleischhauer, M. (2008). The role of spatial planning in strengthening urban resilience. In H. J. Pasman (Ed.), *Resilience of cities to terrorist and other threats. NATO Science for Peace and Security Series Series C: Environmental Security 2008* (pp. 273–298).

Gibbs, L., & Holloway, C. (2013). *Hurricane sandy after action: Report and recommendations to Mayer Michael R*. New York City: Bloomberg.

Goldstein, W., Peterson, A., & Zarrilli, D. A. (2014). *One city, rebuilding together: A report on the city of New York's response to hurricane sandy and the path forward*. New York City. http://www1.nyc.gov/assets/home/downloads/pdf/reports/2014/sandy_041714.pdf.

Grumm, R. H., & Evanego, C. (2012). *Hurricane sandy: An eastern United States superstormdraft*. PA: National Weather Service State College.

Jabareen, Y. (2013). Planning for countering climate change: Lessons from the recent plan of New York city—PlaNYC 2030. *International Planning Studies*, *18*(2), 221–242.

Jabareen, Y. (2014). An assessment framework for cities coping with climate change: The case of New York city and its PlaNYC 2030. *Sustainability*, *6*(9), 5898–5919.

Kern, K., & Alber, G. (2008). Governing climate change in cities: modes of urban climate governance in multi-level systems. In *OECD Conference Proceedings Competitive Cities and Climate Change* (Chapter 8) (pp. 171 196). Milan, Paris, Italy: OECD. October 9 10, 2008. http://www. oecd. org / dataoecd / 54 / 63 / 42545036.pdf.

NYS. (2013). NYS2100 commission: Recommendations to improve the strength and resilience of the empire state's infrastructure.

Pais, J., & Elliot, J. (2008). Places as recovery machines: Vulnerability and neighborhood change after major hurricanes. *Social Forces*, *86*, 1415–1453.

Peltz, J., & Hays, T. (2012). Hurricane sandy: Storm surge floods NYC tunnels, cuts power to city. *The Christian Science Monitor*. October 29, 2012.

Plumer, B. (2012). Is Sandy the second-most destructive U. S. hurricane ever? Or not even top 10? *The Washington Post*. November 5, 2012.

Preston, B., Westaway, R., & Yuen, E. (2011). Climate adaptation planning in practice: An evaluation of adaptation plans from three developed nations. *Mitigation and Adaptation Strategies for Global Change*, *16*(4), 407–438.

Rosan, C. D. (2012). Can PlaNYC make New York City "greener and greater" for everyone?: Sustainability planning and the promise of environmental justice. *Local Environment*, *17*(9), 959–976.

Rosenzweig, C., & Solecki, W. (2010a). Introduction to climate change adaptation in New York city: Building a risk management response. *Annals of the New York Academy of Sciences*, *1196*, 13–17 (Issue: New York City Panel on Climate Change 2010 Report).

Rosenzweig, C., & Solecki, W. (2010b). Chapter 1: New York city adaptation in context. *Annals of the New York Academy of Sciences* (Issue: New York City Panel on Climate Change 2010Report).

Solecki, W. (2012). Urban environmental challenges and climate change action in New York City. *Environment and Urbanization*, *24*, 557–573.

Sullivan, B. K., & Hart, D. (2012). Hurricane sandy barrels northward, may hit New Jersey(pp. 10 28). http://www.bloomberg.com/news/.

The City of New York. (2009). PlaNYC Progress Report 2009. The City of New York. Available from http://www.nyc.gov.

The City of New York. (2013). PlaNYC Progress Report 2013. The City of New York. Available from http://www.nyc.gov.

The City of New York. (2014). PlaNYC Progress Report 2014. The City of New York. Available from http://www.nyc.gov/html.

Tollefson, J. (2012). Hurricane sweeps US into climate-adaptation debate. Nature, *491*, 167–168.

Uken, M. (2012). Sandy zeigt, wie marode Amerikas Infrastruktur ist [Sandy shows how ailing America's infrastructure is] (in German). *Zeit Online* (Hamburg, Germany), pp. 10–30.Retrieved November 02, 2012.

US Census Bureau. (2013). US Census 2013. Available from www.census.gov.

Wheeler, S. M. (2008). State and municipal climate change plans—the first generation. *Journal of the American Planning Association*, *74*(4), 481–496.

Wilson, E. (2006). Adapting to climate change at the local level: The spatial planning response. *Local Environment*, *11*, 609–625.

Wiseman, J., Williamson, L., & Fritze, J. (2010). Community engagement and climate change: Learning from recent Australian experience. *International Journal of Climate Change Strategies and Management*, *2*(2), 134–147.

第9章

风险城市的不平等：社会空间描绘的风险城市①

9.1 引言

分析与理解未来的脆弱性对于风险城市及其规划实践非常重要，风险城市规划实践旨在应对其脆弱性。脆弱性可能与社会、经济、环境和气候变化的风险有关。笔者将在本章只研谈气候变化与环境的脆弱性，脆弱性是"一个系统容易受到的影响、无法应付的程度，气候变化的不利影响包括气候可变性和极端天气。脆弱性是一个系统对危险的暴露程度及其敏感性和适应能力的函数"（CCC，2010：61）。脆弱性评估是与多重的、相互作用的压力有关的风险（McLaughlin and Dietz，2008；Nelson，2012），它评估一个群组对危险的暴露程度、敏感性及其适应能力（adger，2006）。适应是指应对压力的能力（Nelson，2012）。重要的是，"脆弱性通常是基于更易于受到影响的团体和人群的道德与伦理责任的一种方法"（Nelson，2012：376）。一个社会的发展道路、物理接触、资源分布、社交网络、政府机构和技术开发影响其脆弱性（IPCC，2007：719-720）。毫无疑问，包含个人和团体的城市比其他城市更脆弱并缺乏适应气候变化的能力

① Springer Science+Business Media Dordrecht 2015 Y. Jabareen, The Risk City, Lecture Notes in Energy 29, DOI 10.1007/978-94-017-9768-9_9

(Schneider et al.，2007：719)。

最终，当代城市必须更清醒地意识到所需要的政策，这可能最终提高弹性、减少预期的气候变化影响的脆弱性（adger，2001；Vellinga 等，2009）。我们需要去计划并绘制不确定性的方案，该方案可能会影响我们的城市及其群体与社区。

多学科文献显示出开发脆弱性评估技术有许多框架和模型（Adger，2006；Cutter et al.，2008；Fussel，2007；Green and Penning-Rowsell，2007；Manuel-Navarrette et al.，2007；McLaughlin and Dietz，2008）。Cutter 等（2008：599），尽管这些方法之间存在分歧，但是它们拥有一些共同的特点：（a）从社会-生态学的视角着手处理脆弱性。（b）基于空间位置研究的重要性。（c）作为公平或正义问题的脆弱性概念。（d）使用脆弱性评估为便于识别冲击前和风险减缓规划的危险区域。

然而，关于城市脆弱性的现有多学科研究主要专注于一种或一种有限的风险类型，或集中在单一特定的风险去评估其影响（见 Wilhelmi and Hayden，2010；Adger，2006）。本章的目的是提出一种理解与分析城市脆弱性的新的框架与程序，笔者将其命名为城市脆弱性与适应矩阵（Urban Vulnerability and Adaptation Matrix，UVM）。UVM 考虑这样的事实：我们的城市面临多重风险及不同类型的可能单独发生的风险或不同的其他组合的风险。

9.2 定义和程序

城市脆弱性矩阵是一种框架或者一种模型，一方面用于分析一个城市及其社区或住处的风险和脆弱性的社会空间分布，另一方面用于分析其适应措施。它在城市、社区和社会群体层次上为我们提供了关于风险和不确定性的重要信息。最终，城市脆弱性矩阵不仅可以帮助我们了解风险城市的脆弱性，而且为每一个社区或部门以及城市根据其需要提出规划方案。脆弱性分析矩阵的概念是由四个主要组件组成，这些组件确定其范围、环境、社会及空间性质。

对于一个给定的城市构建城市脆弱性矩阵模型的程序是基于下面的 9

个步骤。此外，笔者还将使用一个城市作为例子来说明这些步骤及更深的理论见解。

本节的目的是通过一个实例说明来构建 UVM。这个用来作为实例的城市是以色列北部的海法。这是我生活和工作的城市，我想利用其有限的数据去举例说明 UVM 的构建。海法是建立在迦密山（Carmel）的山坡上。该地区的殖民历史跨度超过 3 000 年。它还是巴哈伊教世界中心的故乡，联合国教科文组织的世界遗产地。海法位于地中海，是以色列北部最大的城市，也是宗主国海法的中心城市。这座城市充满风险：它是一个海滨城市，将会受到气候变化和海平面上升的影响，它还有一个很大的重工业区和高风险产业：石油炼油和化工加工，社区部分靠近遭受过毁灭性森林火灾的卡梅尔公园；它也位于地震断层带上。

由于关于不同类型风险发生的概率只有有限的数据。因此，笔者将使用现有的数据并坚持使用没有具体数字的插图来说明其余部分。关于海法的脆弱性及其市区的研究很少。笔者的目的是举例说明 UVM 的构建，并没有解释海法毁灭的案例。诸如洪水、海平面上升、地震和火灾等城市脆弱性的评估将按照每个风险计算距离的反函数来计算。

在这一案例中，计算城市脆弱性值考虑了研究案例中提到的区域自然灾害的全概率。在构建 UVM 的最后阶段，我们假定的赋值是基于历史数据的最大似然概率及每个风险发生的概率或科学数据或专家判断。不幸的是，这些数据的大部分并不存在，因此，笔者将象征性地为它们赋值。

步骤 1：建立城市的子区域

构建 UVM 的第一步是组成城市的社区、区域、分区或者统计区域。每个国家和城市都有自己的城市区划。有些命名为统计领域，其他命名为社区或地区名称。这是 UVM 的基础层。我们把城市分解为小的社区，这一层是其他层的基础和地理参考。

使用 GIS（Geographic Information System）构建假想层，可以管理大量空间上有关的信息、整合多层信息以及解决简单与复杂的空间查询。许多研究已经使用 GIS 来评估城市的脆弱性（Renard and Chapon，2010；Barczak and Grivault，2007）。

步骤2：社会经济城市层

第二步是构建城市的社会经济层。这一层表明每个社区或子区域的社会经济水平。社会经济水平或状态是一个统计指标，把一系列社会和经济变量描述和总结为一个变量。一些国家使用度量的范围在1到10之间，1是最低的社会经济状态，10是最高的社会经济状态。当没有社会经济变量的一个单一指标时，我们可能使用其他变量，如家庭收入或人均收入。

支持社会经济和人口层的假设是基于人口和社会经济变量影响城市脆弱性。它假设所有的社会内部都存在个人和团体，他们更脆弱并缺乏适应气候变化的能力（Schneider，2007：719）。人口、健康和社会经济变量影响个人与城市社区应对环境风险及未来不确定性的能力。这些变量影响来自自然灾害的风险减缓、响应和恢复（Blaiki et al.，e1994；Ojerio et al.，2010）。因此，许多变量影响个人和社区的脆弱性。然而，主要变量是收入、教育和语言技能、性别、年龄、生理和心理能力、资源可得性和政治权力以及社会资本（Cutter et al.，2003；Morrow，1999；Ojerio et al.，2010；联合国妇女发展部门，2001）。因此，社会经济脆弱性的社区更容易受到负面影响，包括财产损失、人身伤害以及心理压力（Ojerio et al.，2010；Fothergill and Peek，2004）。

步骤3：城市人口层

构建的人口层包括，例如：（1）年龄分布，这将给我们提供更多的儿童和老年人等弱势群体的信息。（2）家庭的类型：单亲家庭及其他。当发生重大威胁及意外事情时，0~14岁、65岁及以上这两个年龄组比其他人更容易受到伤害，一些城市可能有它们应该介绍和分析的更详细与重要的人口数据。

步骤4：城市类型学层

这一步旨在建立一些关于城市形态及其类型学的层，如住房密度和布局设计、交通网络、建筑年代、建筑高度等等。这些层的信息量大并且重要，以便于理解城市的物理设置并按照区域或社区规划城市的未来及其适应措施。

第5步：社区类型

社区的类型依据其物理和空间条件分为：正式-非正式的空间、棚户区居民、贫民窟及普通社区。

非正式的空间是无计划的、混乱的、无序的，并假定一个城市内非正式空间的规模和人类状况对其脆弱性产生重大影响。根据联合国人居署的观点（2008），在发展中城市大量的城市扩张发生在官方和法律框架之外的建筑规范、土地使用法规和土地交易上。弹性需要包容穷人、弱势群体及城市和市区非正式的空间。非正式的空间比其他地方更可能受到伤害，因为这里有较多的低收入人口并且缺乏基础设施与服务。此外，由于社会空间的特点和庞大的人口，当代城市更容易受到各种各样的风险，有可能成为新的风险的催生器，如失败的基础设施和服务、城市环境的恶化以及非正式定居点的扩张。这些方面使许多城市居民更容易面临到自然灾害和风险（UNISDR，2010）。

步骤6：脆弱性的空间分布

这一步按照风险的类型来构建脆弱性层。每种类型的风险都将拥有自己的层。其背后的假设是：风险和危害在地理上并不总是均匀分布的，并且基于一些区域和社区的位置或对风险的强度、敏感性可能受到的影响比其他区域和社区更大。例如，靠近海滨的人可能比其他人受到更强烈海啸的影响。绘制风险和危害的空间分布对于现在和未来的规划和管理至关重要。一些人认为最容易受到气候变化影响的社区通常是那些生活在高风险地区里，那里可能缺乏技术、适当的基础设施与更脆弱的服务（Satterthwaite，2008）。

步骤7：适应措施的空间分布

这一步按照区域、社区或地区构建现有的适应措施。不是每个社区都需要相同的适应措施。然而，一些措施应该考虑城市的层面。一般来说，适应意味着改变物理和社会系统，以应对、适应并调整风险和脆弱性。

步骤8：不确定性层

这一步提出了城市层面以及区域/社区层面每类风险的概率数值。不确定性是指一个事件的概率大小、时间和地点存在不完美知识。自然灾害的数据是把其发生和变化的概率作为分析因素的不确定性来处理。通常不确定性的概率——表示为事件发生的可能性是根据历史数据来决定的（如用最大似然估计来评估供应变化）（Means et al.，2010）。在网络结构中将需要考虑每种风险因素的不确定性概率。

步骤9：脆弱性规划方案

脆弱性以及风险在城市里的分布是有区别的。脆弱性规划方案被概念化并根据城市本身及每个社区分别进行量身定做。城市中的每个区域都有其自己不同的风险及其自身对不同风险的敏感性。城市也有其适应措施。这些措施分担了城市的许多风险，但在许多情况下特定的社区都有自己的特定的脆弱性。通过这样做，我们为每个区域、社区或地区的居民提供他们各自地域的脆弱性条件。

本章分析和识别了海法及其社区环境风险及未来不确定性的类型、人口、范围和空间分布。然而，这个实例表明海法存在许多缺失数据。类似于大多数发展中国家的城市，海法没有一个气候变化导向的规划，也没有城市和社区的全面风险评估。此外，关于海法不同类型风险发生的概率只有有限的数据，并缺乏针对洪水、海平面上升、温度升高、火灾隐患、化学品危害及更多风险的适应措施。最终，海法，像世界上绝大多数的城市一样，没有认真考虑其公民与社区的风险。然而，西方国家的城市已经根据它们非常宝贵的经验开始更认真地对待风险城市的问题。

我们关于海法的主要结论是海法的脆弱性存在社会和地域差别，就像世界各地的许多其他城市一样。因此，低收入和贫困社区比其他社区更加脆弱，而且它们应对风险的能力也更低于更富裕的人和社区。

毫无疑问，城市脆弱性矩阵为我们提供了一种重要框架以检验风险城市风险的社会空间设置，这是更有效地应对风险的关键，也是对最脆弱的人群实现更多有利政策的关键。

参考文献

Adger, W. N. (2001). Scales of governance and environmental justice for adaptation and mitigation of climate change. Journal of International Development, 13(7), 921–931.

Adger, N. (2006). Resilience, vulnerability, and adaptation: A cross–cutting theme of the international human dimensions programme on global environmental change. Global Environmental Change, 16, 268–281.

Barczak, A., & Grivault, C. (2007). Geographical information system for the assessment of vulnerability to urban surface runoff. In Novatech Proceedings, 6th International Conference—Sustainable Techniques and Strategies in Urban Water Management (Vol. 1, pp. 31–146). Lyon, France.

Blaikie, P., Cannon, T., Davis, I., & Wisner, B. (1994). At risk: Natural hazards, people's vulnerability, and disasters. London: Routledge.

CCC—Committee on Climate Change. (2010). Building a low–carbon economy—The UK's innovation challenge. www.theccc.org.uk

Cutter, S. L., Boruff, B. J., & Shirley, W. L. (2003). Social vulnerability to environmental hazards. Social Science Quarterly, 84(2), 242–261.

Cutter, S., Barnes, L., Berry, M., Burton, C., Evans, E., Tate, E., & Webb, J. (2008). A place–based model for understanding community resilience to natural disasters. Global Environmental Change, 18, 598–606.

Fothergill, A., & Peek, L. (2004). Poverty and disasters in the United States: A review of recent sociological findings. Natural Hazards, 32(1), 89–110.

Fussel, H. M. (2007). Vulnerability: A generally applicable conceptual framework for climate change research. Global Environmental Change, 17(2), 155–167.

Green, C., & Penning–Rowsell, E. (2007) More or less than words? Vulnerability as discourse. In L. McFadden, R. J. Nicholls & E. Penning–Rowsell (Eds.), Managing coastal vulnerability. Amsterdam: Elsevier.

IPCC—Intergovernmental Panel on Climate Change. (2007). Climate change 2007: Fourth assessment report of the intergovernmental panel on climate change. Cambridge, MA: Cambridge University Press.

Manuel–Navarrette, D., Gomez, J. J., & Gallopin, G., (2007). Syndromes of sustainability of development for assessing the vulnerability of coupled human–environmental systems. The case of hydro meteorological disasters in Central America and the Caribbean. Global Environmental Change, 17(2), 207–217.

McLaughlin, P., & Dietz, T. (2008). Structure, agency and environment: Toward an integrated perspective on vulnerability. Global Environmental Change, 18(1), 99–111.

Means, E. III, Laugier, M., Daw, J., & Pirnie, M., Inc. (2010). Decision support planning methods Incorporating climate change uncertainties into water planning. Prepared for: Water Utility Climate Alliance. Danver, CO: WUCA.

Morrow, B. H. (1999). Identifying and mapping community vulnerability. Disasters,

23(1), 1-18.

Nelson, D. R. (2012). Vulnerabilities and the resilience of contemporary societies to environmental change. In J. A. Matthews, P. J. Bartlein, K. R. Briffa, A. G. Dawson, A. De Vernal, T. Denham, S. C. Fritz & F. Oldfield (Eds.), The sage environmental change (pp. 374-386). London: Sage Publication.

Ojerio, R., Moseley, C., Lynn, K., & Bania, N. (2010). Limited involvement of socially vulnerable populations in federal programs to mitigate wildfire risk in arizona. Natural Hazards Review, 12(1), 28-36.

Renard, F., & Chapon, P. M. (2010). Using multicriteria method of decision support in a GIS as an instrument of urban vulnerability management related to flooding: A case study in the greater Lyon (France). NOVATECH, session 3.2. Available at http://documents. irevues. inist. fr / bitstream / handle / 2042 / 35769 / 13208-111REN.pdf? sequence=1

Satterthwaite, D. (2008). Climate change and urbanization: Effects and implications for urban governance. Presented at UN Expert Group Meet. Popul. Distrib., Urban., Intern. Migr. Dev. UN/POP/EGMURB/2008/16/.

Schneider, S. H., Semenov, S., Patwardhan, A., Burton, I., Magadza, C. H. D., Oppenheimer, M., Pittock, A. B., Rahman, A., Smith, J. B., Suarez, A., & Yamin, F. (2007). Assessing key vulnerabilities and the risk from climate change. Climate Change 2007: Impacts, Adaptation and Vulnerability. In M. L. Parry, O. F. Canziani, J. P. Palutikof, P. J. van der Linden & C. E. Hanson (Eds.), Contribution of working group II to the fourth assessment report of the intergovernmental panel on climate change (pp. 779-810). Cambridge, UK: Cambridge University Press.

UN-HABITAT. (2008). State of the world's cities 2008/2009—Harmonious cities. London: Earthscan.

UNISDR-International Strategy for Disaster Reduction. (2010). Making cities resilient: My city is getting ready. 2010-2011 World Disaster Reduction Campaign.

United Nations Division for the Advancement of Women. (2001). Environmental management and the mitigation of natural disasters: A gender perspective. http://www.un.org/womenwatch/daw/csw/env_manage/documents/EGM-Turkey-final-report.pdf. July 7, 2009.

Vellinga, P., Marinova, N. A., & van Loon-Steensma, J. M. (2009). Adaptation to climate change: A framework for analysis with examples from the Netherlands. Built Environment, 35(4), 452- 470.

Wilhelmi, O. V., Hayden, M. H., (2010). Connecting people and place: A new framework for reducing urban vulnerability to extreme heat. Environmental Research Letters, 5, 1-7.

第10章

结 论①

尽管城市一直是"风险城市",但是本书认为,当代、后现代世界的城市目前仍面临着前所未有规模的无数风险。因此,像当代社会一样,它们面临着"以固有的、多元化为特点的风险"(Beck,1997:32)——我们也必须在这一基本概念指导下来理解当代城市。当代风险城市所面临的已存风险以及不断出现的新风险,已经对城市社会形态和政治产生深远的影响。因此,必须把风险理解为一种驱动城市社会变革和社会转型的主要动力。既然如此,风险在城市规划的理论与实践中就必须作为一个决定性概念而发挥重要作用。而且,作为一种消极的资源,风险在风险城市里的社会和空间上存在分化,因此,风险成为城市的社会和空间不平等的主要概念。

10.1 风险城市演化及其相关规划实践

本书已经强调了新出现的风险继续挑战现有的规划理论与实践的概念、程序和范围的方式。风险城市的一个基本前提是,风险认知的变化会引发信任认知的变化,这两者揭示并引发了新的实践需要,以迎接新出现

---

① Springer Science+Business Media Dordrecht 2015 Y. Jabareen, The Risk City, Lecture Notes in Energy 29,DOI 10.1007/978-94-017-9768-9_10

的挑战。而且，由于风险城市是一个取决于风险、信任和实践之间相互交织的辩证关系的演化过程，风险认知的变化也将带来风险城市的风险、信任和实践概念的根本性变化。因此，总体来说，风险城市的整体环境如图10-1所示。

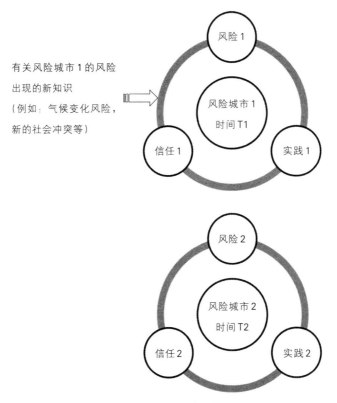

图10-1 风险城市的整体环境

城市面临的威胁随时间而发生变化，为了为其居民提供避难所、保护及信任感和安全，要求城市采用不同的实践。因为这些变化的威胁和不确定性也会帮助塑造规划实践，以特定时间周期为特点的城市风险与脆弱性的具体情况见证了独特的城市规划运动的兴起。从这个角度看，风险城市作为一个概念框架可以让我们更好地了解规划理论、行动、实践及在不同历史背景下的系统转变。

19世纪末确实已经出现了规划的许多现代方法。20世纪出现的现代规划，是城市组织与功能及城市出现的社会问题对深刻危机的反应，这些城市社会问题是由从工人阶级的困难和贫穷到现代城市的拥堵、物理退化及功能混乱的现象所造成的，这场危机构成了城市的经济和社会功能的基本风险。为了迎接这一挑战，20世纪初的规划者和其他从业人员提出了不同的模型以及理论和实践的方法，旨在弥补现代城市问题、重构与重塑现代社会空间以及解决美国和其他发达国家的扩张问题。出现在英国的"花园城市"运动就是一个例子，主要是为了应对工业革命所造成的城市拥挤和污染。根据 Ebenezer Howard 的《致明天：通向真正改革的和平之路》（1898），作为当时英格兰城市所面临威胁的替代选择，建立新城镇的想法是领先的。来自1800年代最后10年的另一个例子是"城市美丽运动"，这是发生在美国的运动，以应对城市的不安定、贫穷、犯罪、交通拥堵、衰退以及令人厌恶的复制（Borbely，2007）。

这些只是自19世纪下半叶以来创新规划倡议已经取得领先的几个例子，以解决城市所面临的社会和空间威胁。其他包括1860年巴黎的奥斯曼项目、1893年芝加哥世界博览会上提出的"大白鲨之城"模型、1924年勒·柯布西耶（现代建筑大师）为巴黎制定的"明日之城"和"规划远景"、20世纪20年代末佩里首次提出的街区（Perry，1939）以及在二战后20世纪60年代和20世纪50年代实施的大型公共住房和城市更新项目（Harvey，1989）。除此之外，这些举措是基于这样一个前提：通过美丽振兴可以减轻城市社会问题，人们相信这将激发居民更高的文明和道德（Borbely，2007）。事实上，很明显，到19世纪中叶，经济逻辑已经约束了社会理性并创造了"反人类景观"（Gleeson，2000）。在这种背景下，作为现代化动力的规划旨在启蒙，比喻但不夸张地说，是市场造就了模糊的、不人道的空间（Gleeson，2000）。早期的规划文献——诸如 Fitzgerald（1906）、Sulman（1921）及 Barnett 等（1944）的作品——是对渴望给城市带来光明的反应，因为市场产生的风险已经使城市黯淡无光（Gleeson，2000；Gleeson and Low，2000）。Hall（2000：48）在他的《明日之城》中提出："规划运动中最富哲理性的创始人继续痴迷于维多利亚时代的罪恶贫民窟——事实上至少到第二次世界大战、甚至到 20 世纪 60 年代仍然还实实在在地存在着"。

近几十年来，随着环境意识的兴起，为了应对当代重要的社会和环境问题，许多当前的规划与建筑方法都在形成。这些方法包括新型城镇化、运输导向的开发、新传统主义、"都市村庄"及"交通村"；各种可持续模型，诸如"可持续城市""可持续社区""健康城市""绿色城市"，以及专门针对气候变化的规划的兴起。

10.2　应对气候变化的规划理论和实践

正如我们所见，不断涌现的风险条件，主要源自于气候变化及其产生不确定性的现象，挑战着城市和社区规划的现有方法的概念、过程和范围，并最终引发当代城市的居民和决策者之间风险和信任观念的新做法和新环境。本书提出了应对气候变化规划的概念框架（PCCC）———种综合的知识与技能的实践，这是有效地管理和应对城市背景下的气候变化所必需的。PCCC 有别于传统与常规的规划方法之处在于其数据分析、愿景、过程和实践。PCCC 的规划实践是根据与气候变化不断引发的新兴风险有关的概念，通过人口、经济、空间分析，以及分析今天城市所面临的风险和不确定性来认识的。通过这种方式，它们承认并接受这一事实：关于气候变化的影响及应对气候变化工作的知识已经成为一项主要的空间规划资源。PCCC 包含的规划概念，诸如适应和减缓政策、能源、生态、绿色经济、城市风险的描绘与评估（城市脆弱性矩阵）以及公众和专家的参与等，不是以传统的规划方法为中心。PCCC 使用的适应措施是基于这样一个前提：规划者还必须考虑"城市的可防御性"或城市保护。PCCC 把关注能源作为城市和社区规划的主要指导概念，这不仅与可持续发展有关而且也与气候变化的问题密不可分。同样在实践层面上，PCCC 利用情景规划帮助探索关于在哪儿建设、建造什么以及如何在最大风险的区域增强社区能力等方面的政策选择。

PCCC还为一个新的、包括容易掌握的评价城市规划的方法——应对气候变化评价方法（CCCEM）的概念框架提供了基础。CCCEM承认城市现象的定性本质，通过城市背景下应对气候变化的复杂性理论，运用创新的、多学科定性方法，为这项研究做出贡献。因为它很容易掌握并凭直觉，CCCEM可以帮助在学者、专业人士、决策者和公众之间对当前和未来城市的方向以及气候变化所关心的问题达成更大的共识。

10.3 纽约市风险城市的当代规划

本书还包含一个基于CCCEM的纽约应对气候变化影响的规划工作的分析，正如最近纽约市雄心勃勃的规划——《规划纽约》所反映的，我们对规划本身的分析（而不是可能正在进行中的与气候变化有关的其他活动）实际上是一项战略规划，旨在应对城市的气候变化，似乎表明纽约市重视应对气候变化的风险。气候变化主要涉及制定规划的问题、理由、愿景和目标。《规划纽约》应用一种综合性规划方法，充分利用了新城市主义、公共交通为导向的城市开发（Transit Oriented Development，T.O.D）、可持续发展、努力减缓气候变化及制度政策监测的优点。

《规划纽约》是一种物理导向的规划，主要集中于基础设施的重建、促进更紧凑与密集、增强混合土地使用、可持续交通、绿化以及空缺地块与棕色地带的更新和利用。《规划纽约》也提出一个雄心勃勃的减排30%、"更绿色、大纽约"的愿景，并把这一愿景与气候变化的国际话语权及国际气候变化议程联系起来。

不过，纽约作为世界上最多样化的城市之一，《规划纽约》却未能充分解决对纽约市来说如此重要的社会问题，它还未能解决弱势群体面临的气候变化相关的问题。事实上，我们的分析发现：纽约在其群体应对气候变化的不确定性、物理和经济影响以及环境危害的能力上存在着社会化差异。《规划纽约》也未能把公民社会、社区和基层组织有效地整合到规划过程中去。

缺乏全市社区及不同的社会群体与利益相关者之间的全程公众参与的

系统程序反映了规划过程的关键缺点，特别是在当前气候变化充满不确定性的时代。最后，《规划纽约》未能充分地转向气候变化的规划，在于其未能提出足够的适应气候变化的举措——一种被飓风桑迪的灾难性结果证实的评估。

10.4 飓风桑迪的可怕考验

飓风桑迪为我们提供了一个重要机会，以检验纽约市的"弹性"并得出结论：纽约市如何在未来应对气候变化的影响与危害中更好地工作。

总的来说，尽管纽约市有应对气候变化影响的规划并已开始实施，但是纽约市迄今为止已经证明还无法为前面的严重风险做好自身的真正准备。飓风桑迪的不幸影响，反映了我们纽约市当前的制度和空间环境明显地缺乏弹性。因此，它也反映了这样一个事实：我们的城市已成为在危险事件中居民的高风险地域。目前城市的关键任务是为未来的不确定性做好准备。因此，为了构建城市的未来并提高其弹性，市政府官员必须学习和汲取飓风桑迪的教训。正如前面纽约市2100委员会的建议所明智地宣称："我们不能仅仅恢复之前是什么——我们必须建设得更好、更智能。"

10.5 风险城市及其弹性框架

对当代风险城市的反应已经催生了弹性城市的概念及关于这一主题的大量文献。借用生态学和科学，这一概念已经纳入到城市研究、规划及其他在城市层面应对气候变化问题的相关领域。在前面章节中，笔者提出风险城市弹性轨迹，是基于这样的前提：因为"弹性需要频繁的测试和评估"（纽约州2100委员会，2013：7）。为了规划未来的不确定性，我们的城市必须从过去和现在中学习。在这种背景下，学习应该是主要基于我们关于脆弱性以及适应措施的经验和新兴知识。根据弹性城市框架，弹性城市通过对其物理、经济、社会和治理系统及接触到危险的其他实体的学习，有效地规划和准备，具备抵抗、吸收、容纳等综合能力等要素，并采用及时和有效的方式从风险的影响中恢复过来，包括通过保护和恢复其必要的基本结构和功能。风险城市弹性轨迹需要承认当前和未来的脆弱性和风险以便规划一个不同的未来，同时确信我们需要以一种不同的、更智能化的方式去规划、构建和重建我们的城市。风险城市框架是一种动态的、灵活的框架，它承认城市弹性的复杂性及其非确定的不确定性。

10.6　世界的规划实践

每一个社会、每一个城市对其面临的风险都有不同的理解。在本书中，笔者试图说明城市风险认知上的变化如何催生了世界各地城市（主要是西欧、北美和澳大利亚等地域）的不同规划实践与行动。由于规划具有将所有减缓、适应、土地利用、能源、社会和经济政策整合成一个集成框架的能力，因此，城市规划已成为应对风险尤其是气候变化引发风险的极其重要的工具。然而，问题是这样的规划是否能够充分解决城市居民所面临的现在和未来的风险与不确定性。基于我们的发达和欠发达城市的国际样本的定性评估，当前形势似乎相当黯淡。我们的分析表明，我们的城市在应对其居民所面临的气候变化风险与不确定性中，既不合理也不能有效地发挥其应有的关键作用。一些城市已经使用他们的规划表达他们的观点：气候变化和环境危害是它们必须应对的主要风险；而笔者采用的其他城市，代表全世界绝大多数的城市（俄罗斯、中国和其他发展中国家），似乎认识到风险的不同，不是与气候变化有关，而是与有效地利用未来增长机会的重要性有关。

结合城市新自由主义议程中的城市在竞争激烈的市场中变成一个可协商的对象，追求城市增长和不可控的利润（反映了世界各地的大部分城市的主导趋势）使决策者在国家和地方政府层面忽视了威胁和风险的基本问题。因此，当代城市没有尽其所能增强自己应对不确定性、气候变化以及自然和环境危害。因此当灾害发生时，数以百万计的居民可能陷入绝境。

世界各地发展中城市的主要问题不是与气候变化有关，而是关注其全体居民的基本需求，如食物、干净的水、城市卫生、住所和就业。因此，这样的城市很少采用旨在应对气候变化问题的、更多的适应和减缓政策。

10.7 风险城市的不平等

作为负面资源的风险在社会群体和社区之间存在严重的不均匀分布，风险本身就存在社会化差异。因此，应对风险使用的手段（诸如适应政策）也存在不均匀的分布。

尽管城市的某些类型的风险和威胁是均匀分布的，但是贫穷和弱势的人群和社区不太可能充分应对各种风险。利用城市脆弱性矩阵绘制"风险城市社会-空间的脆弱性"表明，在世界各地的许多城市，脆弱性在社会和空间上是以不平等的方式分布的。风险城市往往成为经济新自由主义及其所产生的毁灭性的无限增长与利润的受害者。然而，基于数以百万计的城市居民的生命安危未定的前提下，风险城市也同时拥有挑战城市新自由主义的能力。

参考文献

Beauregard, R. A. (1989). Between modernity and postmodernity: The ambiguous position of US planning. Environment and Planning D: Society and Space, 7(4), 381-395.

Beck, U. (1997). The reinvention of politics: Rethinking modernity in the global social order (M. Ritter, Trans.). Cambridge: Polity.

Borbely, M. (2007). Residence parks: An American vision reborn. Summer: American Bungalow Magazine.

Barnett, O., Burt, W. O. & Heath, F. (1944) We must go on: A study in planned reconstruction and housing. Melbourne: The Book Depot.

Fitzgerald, J. D. (1906). Greater Sydney and greater Newcastle. Sydney: New South Wales Bookstall.

Gans, H. J. (1968). People and plans: Essays on urban problems and solutions. New York: Basic Books.

Gleeson, B. (2000). Reflexive Modernization: The Re-enlightenment of Planning? International Planning Studies, 5(1): 117-135.

Gleeson, B. & Low, N. (2000). Australian Urban Planning: New Challenges: New Agendas. Allen and Unwin: Crown Nest.

Hall, P. (2000). Cities of tomorrow. Malden, MA.: Blackwell.

Harvey, D. (1989). The condition of postmodernity. Oxford: Blackwell.

Perry, C. (1939). Housing for the machine age. New York: Russell Sage Foundation.

Rodin, J., & Rohaytn, F. G. (2013). NYS 2100 commission: Recommendations to improve the strength and resilience of the empire state's infrastructure.

Sulman, J.(1921). Town planning in Australia. Sydney: Government Printer.